国鉄型気動車鈍行が走る
日本の鉄道風景
【北海道、東北、関東甲信越編】

牧野和人 著

小樽以東の電化区間を一般形と急行形を織り交ぜた気動車列車が行く。非電化区間から乗り入れる列車の中には、小樽から
先で快速列車となるものがあった。◎函館本線　張碓〜銭函　1996（平成 8 ）年10月16日

.....Contents

日高本線の沿線一帯は競走馬の産地として知られる。線路近くの牧場には馬が放牧され、車窓からのんびりと草をはむ様子を見ることができた。
◎日高本線　蓬栄〜日高三石　2012（平成24）年7月26日

まえがき

　地域輸送の要として、日本国有鉄道が存在したのは、もはや30年以上も前の昔語りとなってしまった。国鉄時代の地方路線における旅客輸送を支えたのは、同じようないで立ちで全国津々浦々まで進出した一般形気動車だった。時は昭和末期に移り、普通列車にはキハ58等、かつて急行列車等で活躍した車両が入り混じるようになったが、山間区間や海辺を行く短編成の気動車は、四季の移ろいが顕著な日本の風土に良く馴染んだ。

　北海道等で赤字地方交通線の廃止が進められた際、路線の最期に寄り添ったのは優しい装いの気動車だった。そして彼らの一部は民営化後も現在まで、本線系の運用等で衰え知らずの走りを見せている。

　しかし、国鉄末期に登場したキハ40でさえ、製造から半世紀に至らんとしている今日、僅かに残された活躍の場から、その姿が消える日は確実に近づいている。来春には長距離普通列車が運転されていた根室本線で活躍する車両が、新鋭車に置き換えられる予定だ。

　ともすると旅情が希薄になったと感じる現代の鉄道周辺。それでも遠くへ出掛けたいという旅好きの想いはくすぶり続ける。遠くから列車のジョイント音が響いて来るような夜。どこにでもいた一般形気動車の姿を通して、民営化前後にあった温かく彩り豊かな、日本の鉄道情景を振り返っていただきたい。

2021年11月　牧野和人

1章
北海道

日本東端の終着駅を、上り列車がゆっくりと離れて行った。かつては札幌や函館からの優等列車が乗り入れたホーム。今ではステンレス車体の普通列車のみが出入りする。◎根室本線　根室　2021（令和3）年2月13日

北辺を目指す単行列車
宗谷本線、天北線、興浜北線、名寄本線、湧網線

【路線データ】
宗谷本線　旭川〜稚内　259.4km
天北線　音威子府〜南稚内　148.9km
興浜北線　浜頓別〜北見江刺　30.4km
名寄本線　名寄〜遠軽　138.1km
　　　　　中湧別〜湧別　4.9km
湧網線　中湧別〜網走　89.8km

【宗谷本線】

　北海道の中央部に位置する旭川市。道内で札幌市に次ぐ総人口約33万人を誇る地域の中核都市から、日本最北端の街、稚内へ向かって延びる鉄路が宗谷本線だ。昭和30年に入ると、道内各主要幹線で特急列車が運転を開始した。しかし、宗谷本線では1960（昭和35）年に準急「宗谷」が新設されたものの、国鉄時代に定期特急は設定されなかった。一方、普通列車の気動車化は同時期より推進され、1958（昭和33）年にキハ20系列の極寒冷地仕様車であるキハ22が製造されると、客車列車の置き換えが本格化した。

　また、国鉄時代末期には老朽化が進み始めていたキハ22等の代替車両として、急行運用の削減で余剰傾向にあったキハ56に両運転台化改造を施したキハ53 500番台車を投入し、次世代の新系列列車が登場するまでの繋ぎ役とした。

　昭和40年代に入ると、夜行急行「利尻」を含む旭川〜稚内間の2往復と、旭川〜名寄間の1往復を残し、気動車は旅客輸送の主力となった。「宗谷」「天北」「サロベツ」等の昼行急行も気動車で運転されたが、国鉄末期に「利尻」で運用していた客車の活用策として、「宗谷」「天北」が客車化された。しかし、民営化後の1988（昭和63）年。キハ40、キハ48を優等列車仕様に改造したキハ400、キハ480が登場し、これらの列車は再度、気動車化された。

　2021（令和3）年7月現在の車両運用は名寄駅を境として南北に分かれている。名寄〜稚内間の列車は全てキハ54で運転している。ステンレス製の外板は、最新のJR電車に通じる姿だが、民営化後に別個の会社となる北海道、四国、九州の経営基盤整備策として、民営化直前の1986（昭和61）年から翌年に掛けて製造された、最後の国鉄型気動車である。

　また、1999（平成11）年に映画「鉄道員（ぽっぽや）」の撮影用としてキハ12風の外観へ改造されたキハ40 764は2000（平成12）年に旭川運転所の配置となり、石北本線や当線に定期列車として入線していた。

　名寄以南の区間では、キハ40とキハ54が混用されている。車体側面に列車種別表示板掲出した快速「なよろ」を両車両が担当していた。しかし最近、電気式気動車のH100形が旭川運転所へ大量に進出し、宗谷本線の運用に就き始めた。塩狩峠を越える国鉄型気動車が、見納めになる時期も遠くはなさそうだ。

【名寄本線】

　本線を名乗る名寄本線等でも、末期の普通列車は単行で運転される機会が多かった。その結果、急行列車の任を解かれ、普通列車に活路を見出していたキハ56が、これらの支線に姿を見せることは稀だった。天北線と名寄本線は民営化後も存続したが、いずれも国鉄時代に第2次特定地方交通線に選定され、民営化から2年余り経った1989（平成元）年5月1日を以って廃止された。名寄本線は廃止された特定地方交通線の中で唯一、「本線」を名乗った路線だった。

　廃止線の運用に就いた気動車は、民営化後に広まった地域色に塗り替えられることもなく、旧国鉄の一般形気動車標準色であった朱色5号1色塗装のままで、路線の終焉を迎えた。

【天北線】

　現在はいずれも宗谷本線単独の駅である、音威子府〜南稚内間をオホーツク海沿岸の浜頓別経由で結んでいた天北線は元々、宗谷本線として建設された鉄路だった。大正末期に天塩線として建設されてきた幌延経由の路線が稚内まで全通し、1930

（昭和5）年に宗谷本線の一部区間であった音威子府～浜頓別～南稚内間は北見線として分離された。そして音威子府～幌延～南稚内間が宗谷本線に編集された。北見線は1961（昭和36）年4月1日に天北線と改称。同年11月1日から札幌～稚内間を天北線経由で運転する急行「天北」が登場した。気動車列車だった「天北」は、国鉄末期に夜行急行「利尻」で使用される車両を活用して、客車列車になった。しかし、民営化後に列車の高速化を図るべく、キハ40に機関等の換装を施したキハ400、キハ480に置き換えられ再び気動車化された。

一方、普通列車は第二次世界大戦後に気動車が進出し、昭和40年代以降はキハ22。路線の末期にはキハ40が運用に加わった。沿線は猿払原野や急峻な天塩山中等、人煙稀な極寒地が広がっていた。小石～曲渕間は17.7kmと、国鉄時代の在来線最長駅間距離を誇っていた。

【興浜北線】

道北地方でオホーツク海沿岸に点在する漁師町の一つである浜頓別町から、沿岸部を隣町の北見枝幸まで延びていた興浜北線。1936（昭和11）年7月10日に全通。当初は、さらに内陸部へ延伸し、名寄本線の興部と雄武を結んでいた興浜南線と共にオホーツク沿岸の縦貫路として、興浜線を形成する計画だった。興浜南線の開業は、1935（昭和10）年9月15日だった。しかし、第二次世界大戦下では不要不急路線とされて営業を休止した。戦後も路線の延伸は進まず、一部で工事が行われたものの、沿線は閑散地域故に計画自体が凍結された。

昭和40年代以降、長らくキハ22が単行で旅客運用に就いた。海側に張り出した斜内山道と呼ばれる北見神威岬付近を行く姿は圧巻だった。厳寒期には流氷が岬に接岸した。

個性的な車窓風景が展開する路線だったが1981（昭和56）年、第一次地方交通線に指定され、1985（昭和60）年7月1日を以って全線廃止となった。廃止区間は路線バスに転換された。

【湧網線】

オホーツク海沿岸の中湧別と、網走を結ぶ短絡線として建設された湧網線。1935（昭和10）年10月10日に網走～卯原内間が湧網東線として開業。同年10月20日に中湧別～計呂地間が湧網西線として開業した。その後も両路線側から延伸工事が進められたが、全通を迎えたのは第二次世界大戦後の1953（昭和28）年10月22日。佐呂間～下佐呂間間が延伸開業し、中湧別～網走間を湧網線とした。オホーツク海沿岸の主要都市である網走へ続く路線だったが沿線人口は少なく、急行等の優等列車は終始設定されなかった。しかし、名寄本線を経由して湧別を始発終点とする列車や遠軽、石北本線の白滝とを結ぶ列車が僅かな運転本数ながら設定されていた。サロマ湖畔を走る計呂地～芭露間。海岸部に出る常呂付近等、美しい沿線風景が展開した。単行運転の気動車は小さな町を結んでのんびりと走った。本線の駅を起点終点とする路線だったが、1984（昭和59）年に第二次地方交通線に繰り入れられ、国鉄の分割民営化を目前に控えた、1987（昭和62）年3月20日に全線が廃止された。

◎宗谷本線　塩狩　2017（平成29）年2月13日

宗谷本線

黄色の諧調が鮮やかな彩りを描き上げる塩狩峠の紅葉。峠から続く長い下り坂を、単行のキハ40は森林浴を楽しむかのように、軽やかに走り抜けて行った。◎宗谷本線　塩狩～蘭留　2017（平成29）年10月13日

峠を正面から見通すと、急勾配を駆け上がる気動車は、舞台の奈落からせり上がって来る千両役者の様相。排煙を燻らせながら、頭から徐々に姿を現す。◎宗谷本線　和寒～塩狩　2016（平成28）年7月29日

厳冬期でも水の流れを止めない天塩川に沿って線路は続く。僅かな本数でも普通列車は沿線住民にとって貴重な生活の足だ。
川の流れと同様に、淡々と運転は続く。◎宗谷本線　音威子府〜筬島　1988（昭和63）年3月1日

３月になると丘陵の奥まで陽光が差し込み易くなる。朱色と急行色の気動車が手を組んで、春未だ遠い真っ白な原野を進む。
国鉄から引き継がれた、普段着列車の姿があった。◎宗谷本線　抜海～南稚内　1988（昭和63）年３月４日

晴れ渡った空の下で海の向うに利尻岳が、雄々しい姿を浮かべていた。稜線は伸びやかに水平線まで続く。全長20m程の気動車が、とても小さく見える北辺の秀色であった。◎宗谷本線　抜海〜南稚内　1988（昭和63）年3月7日

北海道向きに製造されたキハ54　500番台車の中でも、527 〜 529番の３両は、急行「礼文」専用車として、転換クロスシートを備えていた。この座席は０系新幹線の廃車発生品を用いた。◎宗谷本線　南稚内〜抜海　1988（昭和63）年３月６日

天北線

主要道路と離れて声問川の支流、宇流谷川に沿って
山中へ足を進める。日本海側からオホーツク沿岸へ。
北辺の地を横断するには、避けて通れない険しい山
越えの経路だ。
◎天北線 曲渕〜小石 1988（昭和63）年2月23日

遥か下の谷を行く列車の影が、林の中を駆け回るエゾリスの瞳に映り込んでいた。雪に閉ざされた音の無い空間。しかし、そんな場所にさえも息づく命がある。◎天北線　小石〜曲渕　1986（昭和61）年3月20日

谷間に敷かれた雄大なS字曲線。当地の駅間距離は17.7km。分け入っても、分け入っても続く山塊を、単行の気動車は右へ左
へと、何度も根気良く向きを変えながら進んで行く。◎天北線　小石〜曲渕　1985（昭和60）年3月20日

興浜北線

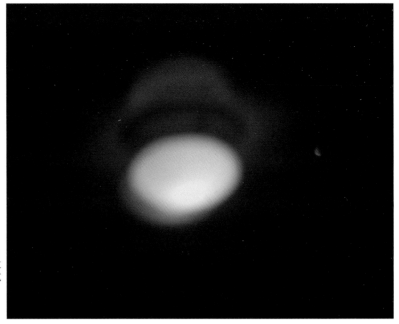

未明のほの暗い車窓は、ぼんやりとした灯りを映し込んでいた。昭和末期の車内灯は蜜柑色。未だ、白熱電球を使っている車両があった。
◎興浜北線　浜頓別　車内
1984（昭和59）年2月26日

目梨泊はオホーツク海沿岸の寒村だ。1日6往復の気動車がやって来る。今日は流氷が沖合に引いて、海面は鉛色の空を映し出していた。◎興浜北線　目梨泊〜斜内　1984（昭和59）年2月28日

浜頓別町と枝幸町の境界付近でオホーツク海にせり出した北見神威岬（斜内山道）。線路は地形をなぞるように敷かれ、単行の気動車が勾配区間をソロソロと上り下りしていた。◎興浜北線　斜内〜目梨泊　1984（昭和59）年2月28日

名寄本線

稜線から顔を出したばかりの太陽が、ホームで発車を待つキハ22を
より赤く照らし出した。雪まみれの顔を整える暇もなく、峠に向かって
急坂との力闘が始まる。
◎名寄本線　上興部　1987（昭和62）年2月20日

天北峠は名寄盆地とオホーツク海沿岸の興部を隔てる、
天塩山中の線路は並行する国道よりも高くなった築堤上
に敷かれた区間が多く難所だ。
◎名寄本線　上興部〜一ノ橋　1987（昭和62）年12月20日

かつてはオホーツク海沿岸のいたる所にあった鉄路。北風が吹きつける季節になると、流氷が接岸した。車窓には見渡す限りの真っ白い海原が広がった。◎名寄本線　豊野〜沙留　1988（昭和63）年2月25日

湧網線

「朝飯でも食べていったら」。ツナギ姿の兄さんが声をかけてくれた。お言葉に甘えて列車を一本見送ってからお宅へ。薪ストーブが赤々と燃える居間で、牛乳仕立ての味噌汁が冷え切った心と体に染み渡った。
◎湧網線　計呂地～浜床丹　1983（昭和58）年2月19日

降り止まない雪は、レールを見る間に白く埋めていく。それでも定時発車の覚悟を決めたかのように、派手な塗装の気動車が白く澄んだ構内にくっきりと浮かび上がった。出発のベルが列車の肩を押すかの様に響く。
◎湧網線　網走　1983（昭和58）年2月19日

雄大な自然を車窓に望む道東の鉄路
根室本線、石北本線、釧網本線、標津線、池北線

【路線データ】
根室本線　滝川〜根室　　443.8km
石北本線　新旭川〜網走　234.0km
釧網本線　網走〜東釧路　166.2km
標津線　　標茶〜根室標津　69.4km
　　　　　中標津〜厚床　　47.5km
池北線　　池田〜北見　　140.0km

【根室本線】

　昭和の中期まで、石炭の採掘で大いに栄えた北海道中空知地域で、主要都市の一つに数えられる滝川市と道東の拠点、釧路を経て日本の最東端部に当たる根室市を結ぶ根室本線。北海道の東半分を横断する経路を有する本路線には、函館本線からの乗り入れ列車を含む多くの長距離列車が運転されてきた。現在も石勝線経由で札幌と釧路を結ぶ特急「おおぞら」は運転を開始した当初、滝川経由で函館と釧路を結んでいた。

　普通列車はキハ22等の極寒冷地仕様車が登場すると、客車の気動車化が本格化した。しかし、気動車に代わっても滝川〜釧路間のような長距離運用がいくつか残った。民営化後、滝川発釧路行きの2427D、2429Dは一時期、単一の列車番号で日本一の長距離を走る、普通列車として知られていた。311.4kmを8時間余りかけて走行する様は、飛行機が一般的な乗り物となり、新幹線網の拡大で時間距離が著しく縮小された現在、遠い日の汽車旅を疑似体験できる贅沢な列車だった。しかし2016（平成28）年8月に十勝地方を襲った台風10号による豪雨災害の影響を受け、根室本線は東鹿越〜新得間が今日まで不通となっている。不通区間ではバスによる代替輸送が行われている。その結果、車窓から十勝平野を望む鉄道景勝地である狩勝峠から、普通列車の姿が消えて久しい。しかし、新得〜釧路間で運転しているキハ40の中には、原色の朱色4号一色塗装の車両が3両いる。雄大な表情を覗かせる十勝地方の山野や海辺を走る様子は、国鉄時代の鉄道情景を描き出す。2021（令和3）年からは国鉄一般型気動車色に塗り替えた朱色とクリーム色の二色塗装車二両が加わり、路線の魅力はさらに増した。

　釧路〜根室間の普通列車は蒸気機関車が現役であった時代から、釧路以西の区間と概ね列車運用が分離されていた。気動車は昭和30年代の初期から投入され、二軸レールバスのキハ03や客車を改造したキハ40（後のキハ08）、キハ45（後のキハ09）等が旅客輸送を担った。その一方で、機関車が牽引する混合列車も無煙化された後の昭和50年代まで運転されていた。そして、主役となった気動車はキハ22，40の世代を経て民営化と前後して最後の国鉄型気動車であるキハ54に全て置き換えられた。ステンレス製の外板で形成された車体は、北国の低い陽光を受けて塗装を施された鋼製車体の車輌よりも強く輝く。そんな情景もまた、ともすれば無表情に見える同車両が、生き生きと躍動しているかの様に映る魅力の一つである。

【石北本線】

　大雪山系を隔てた北側を横切り、根室本線とは別経路で、道央と道東を結ぶ石北本線。

　宗谷本線の基点である旭川駅より一駅先の新旭川と網走を結ぶ鉄路の途中には、蒸気機関車の力闘区間として注目された常紋峠を始めとした、いくつもの山越えが控える。また途中の遠軽駅の構内はスイッチバック構造で、全ての列車が向きを変える。

　無煙化後も存続していた客車列車は、旧型客車が50系に置き換えられて昭和末期まで運転していた。しかし、民営化を控えて全ての普通旅客列車は気動車化された。キハ22、キハ40のほか、急行の縮小で余剰気味となったキハ56を混用。また、新たに設定された快速「きたみ」にはキハ54が充当された。

【釧網本線】

　道内の東端部を縦断して、釧路と網走を結ぶ路線が釧網本線だ。世界遺産に認定された釧路湿原に未だ煙を上げる硫黄山の麓。さらには流氷が押し寄せるオホーツク沿岸と、変化に富んだ雄大な自然の中を列車は走る。昭和末期まで、気動車列車と共に混合列車が運行されていた。昭和50年代の終わりに全ての旅客列車が気動車化された。また、路線内の急行「しれとこ」等には、キハ22等の一般形車両で運転するものがあった。現在は朝、夜間の一部列車を除き、キハ54が同路線の主力になっている。快速「しれとこ摩周」の運用では、単行運転ながら車両の前後に専用のヘッドマークを掲出する。

　現在は分岐する支線が影を潜めてしまった根室本線。国鉄時代の合理化策により、白糠線を皮切りに、帯広を起点としていた士幌線、広尾線等が廃止された。いずれも利用客数が著しく少ない不採算路線だったが、通勤通学時間帯等、多くの乗客が見込まれる際には2両編成以上で運転する列車があった。

【標津線】

　標津線、池北線は民営化後もJR路線として存続した廃止予定路線だった。釧網本線の標茶駅と根釧原野の東端部に当たる根室標津を結んでいた標津線。地域の拠点であった途中駅の中標津からは、根室本線の厚床駅まで支線が延びていた。建設時は開墾地を横断する主要路線という位置付けであり、国鉄が民営化される前年まで急行「しれとこ」が運転されていた。急行運用には一般形車両のキハ22が充当されていた時期があった。しかし、沿線は人煙稀な地域が多い閑散路線である。気動車は昭和20年代から導入されたものの、当初は機械式気動車や、定員の少ないレールバス　キハ03等が用いられた。起伏に富んだ原野にはローラーコースターを思わせ

る線形の線路が敷かれ、国鉄時代末期にはキハ22、キハ40等が短編成で軽快に駆け抜けた。しかし、1985（昭和60）年に事実上の廃止宣告であった第2次特定地方交通線に指定され、1989（平成元）年4月30日に全線廃止となった。

【池北線】

　帯広市の近隣町である池田と石北本線沿線で東部の主要都市である北見を結んでいた池北線も、第2次特定地方交通線に指定された路線の一つだった。足寄、陸別、置戸と林業で栄えた町を巡る山間路線の列車は、全区間を走破する運用が多く、池田口の列車には根室本線へ乗り入れて帯広、新得を始発終点とするものがあった。国鉄、JR時代の旅客列車はキハ22等が受け持った。池北線は1989（平成元）年6月3日を以って全線廃止となったが、翌日から第三セクター鉄道、北海道ちほく高原鉄道ふるさと銀河線として営業を始めた。新鉄道の発足に当たり、軽快気動車CR70形が用意されたが、開業後からしばらく後にJR線からキハ40が乗り入れるようになった。第三セクター化後も、閑散路線の状況は芳しくなかった。業績の改善を見込んで運賃改定等の策を講じたが好転には至らず、2006（平成18）年6月21日に全線が廃止された。

◎石北本線　生田原〜常紋（信）日
2017（平成29）年10月6日

根室本線

清里ダムから注ぎだす空知川沿いの野花南界隈で、根室本線は急曲線を繰り返し、列車にとっては厳しい線形になる。現在、島ノ下方は滝里トンネル（全長2,839m）を含む、新線区間に切り替わっている。
◎根室本線　野花南～島ノ下　1990（平成2）年3月6日

新線に切り替わった後も、狩勝越えの車窓から見られる十勝平野の展望は雄大である。大きな曲線区間を連ねて高度を稼ぐ
線路上を、列車は機関音を雄叫びに代えて上って行った。　◎根室本線　広内（信）〜新狩勝（信）　1988（昭和63）年3月1日

雪煙を上げて軽やかに下り坂を転がって行く。431Ｄは狩勝峠を午前中一番に越える滝川発帯広行きの列車。新得着は一番列車としては遅い９時９分だった。◎根室本線　西新得（信）〜新得　1988（昭和63）年２月22日

迫り来る朱色のキハ40。正面窓の下方には、所属社名と、製造所、改造工場を記した楕円形の銘板が、長年に亘って走り続けた勲章であるかの様にボルト止めされていた。◎根室本線　新得〜十勝清水2020（令和２）年８月28日

澄み渡った冬の空は高く、風は強い。狩勝峠から吹き降ろす北西風が、青空へ雲を連れて来た。晴れ間を縫って朱色の国鉄形気動車が令和の大地を駆ける。◎根室本線　新得〜十勝清水　2021（令和3）年2月18日

ヘッドマークを入れる枠等が追加され、前面の表情は原形と異なるものの、朱色の国鉄塗装は緑の中で鮮やかに映える。夏の北海道にふさわしい色彩だ。◎根室本線　十勝清水〜御影　2020（令和２）年９月

JR北海道独自の一般形気動車色が利用者へ浸透した後に、新製時の塗装である朱色５号１色塗りに戻された車両が登場。鉄ちゃんにとっては、国鉄時代を彷彿とさせる魅力ある車両になっている。◎根室本線　芽室〜大成　2021（令和３）年２月18日

馬主（パシクル）沼は、パシクル川の河口付近が太平
洋から打ち寄せる波で堰き止められてできた沼だ。
海辺から湿原へ道路を1本潜っただけで、劇的に変
化する車窓は楽しい。
◎根室本線　音別〜古瀬　1991（平成3）年4月29日

釧路発の上り一番列車は、始発駅を出て1時間足らずで馬主来（パシクル）沼の畔へ出る。水と木々が織り成す眺めに、北の大地を旅する気分が高まる。◎根室本線　音別〜白糠　2020（令和2）年8月29日

海から湧き上がった霧が、朝の湿原を乳白色に染めていた。視界が効かない線路の奥に灯りが浮かび上がり、上り列車が足下へ近づいて来る。今日は朱色塗装の1749号だ。◎根室本線　白糠〜音別　2020（令和2）年9月5日

カキの養殖が盛んな厚岸湖から、山手に延びる別寒辺牛湿原は、厳冬期を迎えるとほぼ前面が凍結する。空気さえも動きを
止めてしまったかのような雪原で、列車の通過音だけがいつまでも鳴り響いていた。
◎根室本線　厚岸〜糸魚沢　2021（令和3）年2月13日

ヘッドマークを掲げ、白樺の木立を縫って走るキハ54を、低く優しい陽が照らし出した。日脚が短いこの季節に、線路際まで光が届く時間は僅かだ。◎根室本線　浜中〜茶内　1988（昭和63）年10月14日

海と大地が奏でる景色。ここの住人はいくつもの群れを成すエゾシカだ。長閑な時間が流れる中で、思い出したかのように姿を現す列車等には目もくれず、線路の近くで雪に埋もれた草をがむしゃらに食んでいた。
◎根室本線　別当賀〜落石　2021（令和3）年2月13日

石北本線

公募で選ばれた復刻塗装に身を包んだキハ40　1747号。宗谷本線の急行「宗谷」「天北」で活躍したキハ400の塗色である。調子の異なる灰色の二色塗りは落ち着いた雰囲気だ。◎石北本線　伊香牛〜愛別　2021（令和3）年2月19日

蛇行を繰り返す湧別川の上流域を進む。線路は遠軽まで、オホーツク海に注ぐ川の流れに沿って続く。眼下の沢は魚等の餌を求める、ヒグマの通り道といわれる。◎石北本線　白滝〜下白滝（信）　2020（令和2）年8月28日

夕映えの中に現れた前照灯の光は、速度をさほど落とすこともなく、無人駅を通り過ぎた。農地の中に置かれた短いホーム1面の生野駅は、民営化と共に仮乗降場から駅に昇格した。◎石北本線　生野　2017（平成29）年10月14日

常紋信号場から北見側は下り列車にとっ
て、下り勾配が続く散歩道。ガランガラ
ンと控えめなエンジン音を山中にこだま
させて、単行列車が足早にやって来た。
◎石北本線　常紋(信)～金華
1988(昭和63)年2月22日

急勾配、急曲線が続く常紋峠。特急「大雪」が臨時便となってから、日中に山中で見られる列車は普通が多くなった。
◎石北本線　金華(信)〜生田原　2020(令和2)年9月2日

水分が少ない厳寒地の雪は細かく軽い。行き交う列車が連れて来る雪煙は、蒸気機関車から吐き出されるドレインのように、後方へ高く舞い上がる。◎石北本線　緋牛内〜端野　2017(平成29)年2月21日

二重窓を少し開けると、木々の香りが車内に飛び込んで来た。淡い緑の藪を割くか如く、キハ40はうっそうとした山中を快走する。◎石北本線　西女満別〜美幌　2016（平成30）年7月26日

釧網本線

キハ54が主役の座に就き、僅かな運用となった釧網本線のキハ40。か細い潮騒が伝わって来る宵のホームに、知床斜里行きの終列車が停車していた。乗客がまばらな気動車は、薄明かりの中で寂しげに映る。
◎釧網本線　浜小清水
2020（令和2）年9月5日

春から初秋にかけて、彩とりどりの花に包まれる、オホーツク海を車窓に望む釧網本線沿線。花園が点在する丘には、期間限定で営業する臨時駅の原生花園がある。◎釧網本線　原生花園（臨）〜北浜　2016（平成28）年7月26日

流氷が接岸した日。晴れ渡った日でも、沖から容赦なく吹き付ける風は、すぐにその場から逃げ出したくなるほど冷たい。どこにも隠れようもない丘の上で、列車の登場を待つ「至福」のひととき。
◎釧網本線　斜里（現・知床斜里）〜止別　1984（昭和59）年2月25日

湿原の只中に敷かれた一本道を列車はゆっくりと進んだ。三角点から見下ろすと、頼りなくさえ見える小さく細い鉄道。それでも先達が苦労の末に築き上げた、なくてはならない交通手段だ。
◎釧網本線　茅沼〜塘路　1987（昭和62）年12月26日

連日の真冬日に晒される中で釧路川は凍結し、水面に空の青さを映し出した。冷たい風が渡って来る方向を望むと、阿寒の山々が遠くに連なっていた。◎釧網本線　遠矢～細岡　　1988（昭和63）年2月14日

築堤上を行くキハ54が入日を鮮やかに反射した。「塗ってない鉄道車両なんて…」と普段はそっけなく見えるステンレス製の車体が、感動を連れて来る瞬間だ。◎釧網本線　釧路湿原（臨）～細岡　2021（令和3）年2月12日

晴れの日も雪の日も、通勤列車は定時に駅へやって来る。使用される車両も、民営化から30年来変わらない、ステンレス製車体の気動車だ。◎釧網本線　遠矢　2018（平成30）年2月7日

少し寒気が緩んだ日。2両編成の気動車が軽やかに湿原を行く。後ろのキハ40は検査上がりから日が浅いのか、床下を明灰色に塗られて気分良さそうな表情を見せていた。◎釧網本線　細岡～遠矢　1988（昭和63）年3月2日

標津線

降雪量は多くない標津界隈だが、冬将軍が行進した後には一面の銀世界となる。列車の正面には、昨晩暴れ狂った吹雪の爪痕が残っていた。
◎標津線　西春別～光進
1988（昭和63）年2月19日

根釧原野は起伏に富んだいくつもの丘陵でかたちづくられている。ジェットコースターと称された線路の上を、気動車は足取りを確かめながらゆっくりと進んで来た。
◎標津線　西春別～光進　1988（昭和63）年2月19日

池北線

第三セクター化が決まっていたこともあってか、地北線の列車には末期まで前照灯一つのキハ22が良く使われていた。沿線は積雪こそ少ないものの、盆地特有の厳しい寒気に包まれる日が多い。◎池北線　置戸～小利別　1988（昭和63）年3月12日

石炭輸送を目的にした路線が広がった空知地方
函館本線、富良野線、留萌本線、深名線、歌志内線、札沼線

【路線データ】
函館本線　函館～旭川　423.1km
　　　　　大沼～渡島砂原～森　35.3km
富良野線　旭川～富良野　54.8km
留萌本線　深川～増毛　66.8km
深名線　　深川～名寄　121.8km
歌志内線　砂川～歌志内　14.5km
札沼線　　桑園～石狩沼田　111.4km

【函館本線】

　青函トンネルが開通するまでは、青函連絡船が発着する北海道鉄道の玄関口だった函館。郊外にそびえる函館山からは美しい夜景を眺めることができる港町を起点として、長万部より日本海側の山路を通り、小樽、札幌を経由し、空知地方を横断して旭川に至る路線は、北海道に鉄道網が整備されて以来、長らく道南、道央の主要都市を結ぶ幹線として、数多くの優等列車が運転されてきた。しかし、特急網が道内で展開された昭和30年代より、函館～札幌間の旅客輸送は状況が変わり始めた。非電化単線でいくつもの峠越えを有する長万部～小樽間に比べ、遠回りにはなるものの平坦区間が大半を占め、高速運転を見込める室蘭本線が優等列車の主要経路になった。1986（昭和61）年に倶知安経由で運転していた特急「北海」が廃止され、山線の通称で親しまれた長万部～小樽間から特急が姿を消した。同時期には荷物扱いの廃止等を理由、に少ない運転本数の中でも数本の設定があった客車列車が廃止された。閑散区間となった山線では、キハ40や急行「ニセコ」の運転縮小で余剰となったキハ56が主力となった。民営化も国鉄型気動車の活躍が続いたが、1996（平成8）年に新系列車のキハ201系が登場。快速「ニセコライナー」等の運用に就いた。さらに近年、電気式気動車のH100形が大量に投入され、キハ40は山線の運用から退いた。一方、函館～長万部間と岩見沢～旭川間では、キハ40が未だ普通列車の運用に就く。岩見沢以東は電化区間に含まれ、特急「ライラック」等に伍して、一般型気動車が紫煙を燻らせつつ複線区間を快走する。

【富良野線】

　旭川とラベンダー等を栽培する観光農園で知られる上富良野、富良野を結ぶ富良野線。昭和30年代の初期に列車の客貨分離が推進され旅客列車に気動車が充当されてきた。1993（平成5）年からキハ150形が投入され、国鉄型気動車を置き換えた。キハ150形の入線後も、富良野線経由で旭川～帯広間を結んでいた快速「狩勝」は一時期、キハ150とキハ40の2両編成で運転していた。

【留萌本線】

　深川からは留萌本線と深名線が分かれていた。石炭と積出しや漁業が盛んだった港町留萌を経て、かつてニシン漁で栄えた増毛まで延びていた留萌本線。旅客列車には昭和中期から気動車が導入されキハ07等、機械式気動車の運転実績があった。国鉄時代には急行「はぼろ」「るもい」「ましけ」や夏休み期間中の「海水浴臨」がキハ56等で運転された。普通列車の主力はキハ22で、国鉄末期にキハ40が運用に加わり、民営化後はキハ54が主力となった。留萌～増毛間は2016（平成28）年12月5日に廃止となり、残存区間も存廃問題で揺れている。

◎札沼線　新十津川　2016（平成28）年7月30日

【深名線】

　民営化後も営業を続けたものの、1995（平成7）年9月4日に全線廃止となり、路線バスに転換した深名線。深川北部の丘陵地を越え、蕎麦の産地として知られる幌加内、朱鞠内湖の畔を経て、宗谷本線における拠点駅の一つである名寄へ至る路線だった。少ない利用客数に対応すべく昭和30年代の始めにレールバス、キハ03等を導入した。その後、機械式気動車のキハ05を経てキハ20の極寒冷地仕様車であるキハ21、キハ22へと旅客輸送の主力は移り変わる。そして国鉄末期には急行形のキハ56を改造したキハ53 500番台車が投入された。二機関を備える同車は、急勾配区間が多い深名線で重宝され、深雪が車両に掛ける負担を大きくする冬季でも単行で運転することが多かった。

【歌志内線】

　道央地区を走る函館本線の沿線には、かつて多くの炭鉱があり、本線と繋がる支線が数多く存在していた。石炭産業の衰退に伴い、そうした路線の大半は不採算路線となり、国鉄の合理化策が遂行される中で廃止の運命を辿った。民営化を乗り切って存続したのは、砂川と内陸部にあった空知炭礦等の石炭採掘地を結んでいた歌志内線と、札幌の近郊路線という性格を強めていた札沼線だった。

　歌志内線は民営化翌年の1988（昭和63）年4月25日に全線が廃止された。石炭の集積地だった空知炭礦の閉山が、廃線を決定的にした。末期の当路線では、主にキハ40が単行で旅客輸送に当たっていた。

【札沼線】

　学園都市線の通称を持つ札沼線。石狩川の右岸に建設された路線で、かつては函館本線で札幌の一つ小樽側にある桑園駅と、留萌本線の石狩沼田を結んでいた。石狩当別以遠は開業当時以来の閑散区間であり、新十津川〜石狩沼田間は「赤字83路線」へ組み入れられて、1971（昭和46）年に廃止された。沿線が宅地開発や大学、医療施設の移転で発展した桑園〜北海道医療大学前間は、市街地等で高架化が進み、近代的な電化路線となった。非電化時より、多くの列車が札幌駅を始発、終点としていた。また、増大する乗降客に対応すべく、気動車化の進展で余剰をきたしていた、50系客車を改造したキハ141系が投入された。同車両は民営化後の1990（平成2）年からの製造だが、車体側面等には国鉄型である種車の面影を色濃く残していた。

　電化区間とは対照的に、民営化後も利用客の減少に歯止めが掛からなかった北海道医療大学前〜新十津川間は、2020（令和2）年5月7日を以って廃止された。末期には末端区間である浦臼〜新十津川間の列車は、1日1往復の運転だった。国鉄時代には全線を通して運転する列車が何本も設定されていた。しかし、末期の廃止区間では、石狩当別、浦臼、新十津川を始発、終点とする運行形態になり、電化区間とは運用が分かれていた。北海道地域色のキハ40が単行で使用された。

◎函館本線　駒ケ岳〜東山　2017（平成29）年12月15日

函館本線

小沼越しに望む駒ケ岳(標高1,131m)は、尖った山頂付近が青空に映える凛々しい表情を見せる。単行のキハ40が、秀景の中をあっという間に横切った。◎函館本線　大沼〜七飯　2012(平成24)年7月29日

駒ケ岳の麓は木々が生い茂る豊かな緑に包まれている。積雪期になると様相は一変し、白一色の丘が続く荒涼とした眺めになる。◎函館本線　東山〜駒ケ岳　2018（平成30）年2月9日

白い車体を紅に染めて複線区間を行く。函館本線南部の普通列車は、山線や隣接する室蘭本線に新型車両が投入されてからも、長らくキハ40の独壇場であった。◎函館本線　八雲〜山越　2018（平成30）年8月2日

ゆったりとした弧をかたちづくる噴火湾沿いの鉄路。非電化複線の線路形状が、雄大な眺めをより広く見せていた。潮風の中を走り抜ける普通列車も爽快感を放つ。◎函館本線　落部〜石倉　2012（平成24）年7月28日

急行の任を解かれたキハ56が秋の稲穂峠を行く。トンネルに入れば隣駅までは下り坂が続く。列車の息遣いは足元で急に軽やかになった。◎函館本線　銀山〜小沢　1990（平成２）年10月８日

午後の光を一杯に受けて、後方羊蹄（しりべし）山（標高1,898m）は優しい表情になった。折しも木々の間から下り列車が顔を出す。普段は特急やお祭り列車の影で脇役だったキハ40も、今はあっぱれな艶姿である。
◎函館本線　倶知安〜小沢　1988（昭和63）年5月4日

富良野線

丸い稜線が重なる丘陵地の片隅で静かに佇む小駅。列車が停車する僅かな間だけ、構内は活気を取り戻す。白く霞む雪景色の中で、列車の存在を示す朱色の車体が頼もしく映った。◎富良野線　美馬牛　1988（昭和63）年2月10日

留萌本線

駅名通り、峠の麓にある駅でキハ54同士が交換した。ホームが千鳥状に配置された構内で、車両も乗務員もしばし向かい合う。
下り列車のホイッスルが一鳴きして、両方の列車が動き始めた。◎留萌本線　峠下　2003（平成15）年6月15日

列車が停車する度にキャリアを携えた駅職員が上下ホームを行き来する。タブレット閉塞が一般的だった時代には各地で毎日、確実に繰り返される安全運行の作法だった。◎留萌本線　峠下　1994（平成６）年７月29日

日本海側から風が吹き付ける山越えの路は、道内屈指の豪雪地帯でもある。線路の両側に続く段切り状になった雪の壁は、定期的に除雪車が運行されている証しだ。◎留萠本線　峠下〜恵比島　1984（昭和59）年2月27日

深名線

曇り模様の駅構内。寒気が緩んだ線路端にはバラストが顔を覗かせていた。濡れて滑り易くなった構内踏切を、駅長さんが慎重な足取りで渡って来た。◎深名線　幌加内　1990（平成2）年2月26日

人煙稀な原生林の中を行くのは、急行気動車塗装ながら、たった1両の気動車。曲がりくねった線路は、木立の邪魔をしないように敷かれたかのように映る。◎深名線　雨煙別（臨）〜政和温泉（臨）　1988（昭和63）年10月8日

彩りの季節を迎えた雨竜川沿いの路を走る。疎らに立つ白樺の白い幹が、優しい光を受けて際立ち、秀景の中で紅葉を引き立てる視覚の香辛料になっていた。◎深名線　政和温泉（臨）〜雨煙別（臨）　1988（昭和63）年10月8日

線路際の積雪は、気動車の側窓を超えるほどの高さになっていた。線路の前方には白い壁が続いているのだろう。沿線は道内屈指の豪雪地帯だ。キハ53は静かに力強く進む。
◎深名線　添牛内〜共栄　1988（昭和63）年2月19日

夏草の中に埋もれてしまいそうな小さな駅に似つかわしい、単行の気動車がやって来た。今は暑い昼下がり。短いホームに列車を待つ人影はなかった。◎深名線　共栄　1995（平成7）年7月28日

名寄へ向かう一番列車はホームで暖機運転中。デフロスターが効いている窓周り以外は、霜で真っ白に凍り付いていた。思わず身が引き締まる氷点下20度の朝。◎深名線　朱鞠内　1988（昭和63）年2月17日

降りしきる雪の中、ホームで列車を待つ時間はとても長く感じる。目の前で気動車停まればほっと一息。暖かい車内に入ると、思わず口元がほころんだ。◎深名線　朱鞠内　車内　1990（平成2）年2月23日

交換施設を備えた駅とはいえ、周囲は夏草に蔽われていた。藪の中から顔を出す腕木式信号機の赤色が、夏景色の中にくっきりと浮かび上がった。◎深名線　朱鞠内　1995（平成7）年7月26日

朱鞠内湖の周辺は沿線でもより山深い区間だ。かつ
ては、ダム建設と共に林業に携わる方々が深名線の
利用客だった。また、資材等を運搬する貨物列車が
運転されていた。
◎深名線　朱鞠内〜北母子里
1995（平成7）年7月28日

歌志内線

運短路線として建設された歌志内線では、昭和30年代より動力車の客貨分離が行われ、気動車が投入された。当線は民営化
後もJR北海道に継承されたが、1988（昭和63）年4月25日を以って廃止された。
◎歌志内線　歌志内　1988（昭和63）年3月11日

札沼線

桑園〜札幌医療大学間が電化された後も、およそ５カ月間に亘り、気動車列車が残された札沼線。キハ143が、キハ40と共通運用で使用された。
◎札沼線　石狩太美〜石狩当別
2012（平成24）年７月31日

キハ141系は民営化後の登場だが、国鉄時代に製造された客車のオハフ51を改造した車両なので、見た目は国鉄型の範疇に入る車両だ。製造直後から、輸送力の向上が望まれていた札沼線に投入された。
◎札沼線　石狩太美〜あいの里教育大　2005（平成17）年３月10日

森影にたった一面の短いホームが置かれた様子は、道内に点在していた乗降場を想わせる。ジョイント音だけが小さく響いて、小さな駅に似つかわしい単行の気動車が停まった。◎札沼線　豊ヶ岡　2016（平成28）年7月30日

ソバは北海道では夏の花だ。白い小さな花が咲き乱れる畑の向うをキハ40が通り過ぎた。400番台車は、札沼線のワンマン化用に700番台車から改造された車両で、2両のみ存在した。◎札沼線　晩生内～札的　2016（平成30）年7月30日

廃止を数年後に控えた札沼線の終点、新十津川。毎朝やって来るたった一本の列車を迎えるべく、改札口付近で近隣の町民
による踊りが繰り広げられた。◎札沼線　新十津川　2016（平成30）年7月30日

x

雄大な線形の幹線と消えて行った支線
室蘭本線、日高本線、石勝線、岩内線、江差線

【路線データ】
室蘭本線　長万部～岩見沢　211.0km
　　　　　東室蘭～室蘭　7.0km
日高本線　苫小牧～様似
石勝線　　南千歳～新得　132.4km
　　　　　新夕張～夕張　16.1km
岩内線　　小沢～岩内　14.9km
江差線　　五稜郭～江差　79.9km

【室蘭本線】

　道西部の太平洋沿岸を通る室蘭本線。長万部～沼ノ端間は、函館と札幌を結ぶ優等列車の経路として、地域交通の重要施設と位置付けられる。室蘭～岩見沢間は空知地方で産出する石炭を、港がある苫小牧、室蘭等へ運ぶために建設された。石炭産業華やかりし頃には、貨物列車が頻繁に往来していたため、長万部側を含めて現在も複線区間が多い。旅客列車は長らく、客車を主体として運転されてきた。また、路線内を通して運転する列車がいくつもあった。しかし、1980（昭和55）年に室蘭～沼ノ端間が電化されると、室蘭から苫小牧、千歳線方面へ向かう列車と、苫小牧～岩見沢間の列車に運用が分離された。同時に非電化区間の列車は気動車化が進み、民営化を目前に控え、全ての普通旅客列車が気動車化された。普通列車の運転本数は、昭和期より決して多いとは言えない当路線だが、客車が主流であった時代からキハ12、キハ22等による運用が僅かにあった。またキハ22やキハ40は急行「えりも」等、日高本線へ向かう優等列車に充当されていた。また、急行「すずらん」等、室蘭を経由する優等列車にも、急行、準急形車両に混じってキハ22が使用された。民営化後に富良野線等で使用されているキハ150が投入された。当初はキハ40等の国鉄形車両を置き換えるかと思われたが、30年近くの長きに亘ってキハ40等と併用された。2021（令和3）年にH100形が投入され、国鉄形気動車共々、運用を離れた。また、50系客車を改造して生まれたキハ143は、かつて電車で運転していた室蘭～東室蘭～苫小牧間の普通運用で健在ぶりを示している。

【日高本線】

　苫小牧と道南端部の襟裳岬へ向かう拠点である様似を結んでいた日高本線。旅客輸送は長らく蒸気機関車が牽引する混合列車に頼っていたが、昭和20年代末期に機械式気動車が導入された。昭和30年代に入ってキハ12等、時の近代車両が加わり、列車の客貨分離運用が完成した。また急行「えりも」等、札幌と様似を結ぶ優等列車にはキハ22が充当された。競走馬が戯れる牧場や、波打ち寄せる太平洋等、魅力的な車窓風景が続く路線で、外部と風や光を共有できる窓が開く車両での旅は魅力的だった。

　雄大な自然に囲まれた沿線故か、地震、豪雨等の災害に見舞われる機会は多かった。2015（平成15）年1月には強風による高波で厚賀～大狩部間の路盤土砂が流出し、鵡川～様似間が不通となった。運転休止区間は復旧されぬまま、2021年4月1日を以って廃止された。現在の営業区間は苫小牧～鵡川間。30.5kmの延長距離は、本線を名乗る路線の中で最も短い。新たな終点となった鵡川駅からは国鉄時代に、鵡川流域を日高町へ遡る富内線が分岐していた。国鉄時代からJR初期にかけてはキハ22が幅広く使われた。現在の主力は、路線色で塗られたキハ40だ。民営化後に当路線の専用車として、小振りなキハ130形、キハ160形が製造され、キハ22等と併用された。しかし、車体構造や厳しい運転環境から、思いの外早く老朽化が目立つようになり、投入から10年足らずで引退した。

【石勝線】

　道央と道東を短絡する石勝線。夕張地方から産出する石炭の輸送を目的に建設された、旧夕張線を祖とする。北海道の空の玄関口、新千歳空港にほど近い千歳線南千歳駅から東へ進路をとった線路は、かつての鉄道街追分で室蘭本線と出会う。ここから新夕張までは、旧夕張線の経路だ。新夕張からは炭鉱があった登川、夕張へ向かう線路が

延びていた。貨物線であった登川支線は1981（昭和56）年に廃止された。一方、夕張までの区間は石勝線開業後に支線扱いとなった。追分との間に普通列車が運行され、その一部は苫小牧や函館本線の手稲まで乗り入れた。また、新夕張と隣駅であった楓（現：信号場）を決ぶ区間列車が設定されていた。普通列車の運用から、道央圏の都市と深い繋がりがあったことを窺わせる夕張だが、石炭産業の衰退と共に人口は減り続け、急速に行政としての求心力を失っていった。その影響は夕張支線にもおよび、2019（平成31）年4月1日に同区間は廃止された。末期にはキハ40が単行で、かつての炭鉱街を結んでいた。

昭和50年代に建設された新線区間に普通列車は運転されておらず、開業以来、優等列車の短絡路になっている。根室本線と合流する上落合信号場までは急峻な日高山脈の懐を走る。5825mの新登川トンネルを始め、山中を貫く長大トンネルが続く。また、陽光下に顔を出した線路は、うっそうとした樹海の中を進む。上落合信号場～新得間は根室本線との共有区間となり、根室本線が全線で営業していた頃には、普通列車が乗り入れていた。それらはキハ22やキハ40が単行、または短編成で運用に就き、幹線の列車らしからぬ長閑な雰囲気を漂わせていた。

【岩内線】

室蘭本線、函館本線の西部からは瀬棚線、岩内線、胆振線等の支線が分岐していた。いずれも沿線人口が少ない閑散路線であり、日本国有鉄道経営再建促進特別措置法の施行で、路線の廃止等を睨んだ特定地方交通線に数えられていた。それらの内、岩内線は第一次特定地方交通線に指定された路線だ。函館本線で稲穂嶺の麓にある小沢駅から日本海側の港町岩内へ続く、全長15km足らずの短い路線だった。沿線には石炭、銅の鉱山があり、沿岸部で採れる海産物と共に路線は貨物輸送で活況を呈した。しかし、昭和30年代以降、鉱山の閉山や輸送手段として自動車が台頭し、1968（昭和43）年には廃止を検討すべきとされる赤字83線に名が挙がった。その間にも岩内～黒松内間の延伸が認可され、1972（昭和47）年には起工式が執り行われた。しかし、財政難の下で工事は中止されて未成線になった。そして国鉄時代の末期となる1985（昭和60）年7月1日に全線廃止となった。末期にはキハ40を用いた短編成の列車を運行していた。1日当たり下り列車7本、上り8本の運転で、最終の上り列車は車両基地がある倶知安まで営業運転していた。

【江差線】

函館近郊の上磯村（現　北斗市）で産出する石灰石の輸送を目的として、大正期に建設された軽便鉄道を祖とする江差線。昭和期に入ってから湯ノ岱の山間部を越え、日本海側の江差まで延伸した。木古内駅から分岐していた松前線と共に、長らく道内南端部の生活路線として営業を続けて来た。また昭和50年代までは函館～江差、松前間に急行「えさし」「まつまえ」を運転した。

しかし、1988（昭和63）年に青函トンネルが開通して津軽海峡線が開業すると、五稜郭～木古内間は交流電化され、北海道と本州を結ぶ幹線の一部となった。それでも普通列車の主力は1、2両編成のキハ40等であり、木古内以西の区間も同様な車両で運転した。また、海峡線から直通する快速「海峡」は電気機関車が牽引する客車列車だったが、函館～上磯間で通勤通学時間帯に運転していた50系51形客車による普通列車は、民営化に前後して気動車へ置き換えられた。

津軽海峡線との接続で脚光を浴びた江差線だったが、地域輸送では閑散路線であることに変わりなく、2014（平成6）年5月12日に木古内～江差間が廃止された。そしてJR線として残った五稜郭～木古内間も、新規に開業した北海道新幹線へ長距離旅客輸送の任を譲り、2016（平成28）年3月26日に第三セクター会社の道南いさり火鉄道へ移管された。

室蘭本線

道南と道央を結ぶ幹線で、普通列車の運転本数は思いの外少ない。特急列車と貨物列車を二本ずつやり過ごし、列車見物が一息ついたところで普通が登場。日中の列車はほとんどが単行運転だ。◎室蘭本線　小幌～礼文　2012（平成24）年7月30日

トンネルに挟まれた狭小地にある小幌駅。山手の上方を走る国道へ通じる確かな道はなく、一般的には鉄道が当地を訪れる唯一の手段だ。停車する列車は普通のみで2021（令和3）年現在、1日に下り2本、上り4本である。
◎室蘭本線　小幌
2012（平成24）年7月27日

さっきまで激しく降っていた雪が唐突に止んだ。同時に踏切が鳴ると、キハ22が線路に積もった雪をスプレーの様に巻き上げながらやって来た。冬型の気圧配置で天気は気紛れだ。◎室蘭本線　小幌～礼文　1988(昭和63)年2月28日

民営化後も道内各地で、幹線系を含む路線の普通列車運用を担ってきたキハ40。1700番台車は、長期間の使用に耐え得るよう、機関や変速機の換装等、更新化改造を受けた車両だ。◎室蘭本線　大岸〜豊浦　2017（平成29）年10月10日

有珠駅から洞爺方へ進むと、沿線は市街地の近くとは思えないうっそうとした森に包まれる。S字曲線の先は濃い緑で蔽われ、険しい山越えの様相を呈していた。◎室蘭本線　有珠〜北入江（信）2012（平成24）年7月30日

遠くに跨線橋が見える駅から足元まで一直線に延びる線路。堂々たる複線は、かつて石炭車を連ねた長大な貨物列車が、ひっきりなしに行き交った幹線鉄道の証しだ。◎室蘭本線　遠浅〜沼ノ端　2017（平成29）年10月13日

85

日高本線

山並みから顔を出した太陽が、構内を赤く染めていく。折り返す列車の前照灯が光り、鵡川駅の一日が始まった。ここから東へ向かう列車はもうない。
◎日高本線　鵡川　2021（令和3）年2月22日

終点になった駅のホームに、いつもと同じ顔立ちで一番列車が停まっていた。窓の下に描かれるのは出会う機会がなくなってしまった優駿。それでも間もなく、朝日を背にして短い旅は始まる。
◎日高本線　鵡川　2021（令和3）年2月22日

苫小牧を早朝に出た下り一番列車は、上り列車の表示があるホームに停車した。終点鵡川に到着すると2両編成の気動車は1両ずつに切り離されて6時台、7時台に上り列車として発車して行く。◎日高本線　鵡川　2021（令和3）年2月22日

牧草地に被われた丘の下に線路が続いていた。左手の車窓には太平洋。遥か前方には視界を埋め尽くすほどの大きな水平線が延びていた。打ち寄せる波をものともせずに列車は走る。◎日高本線　大狩部〜厚賀　1988（昭和63）年3月10日

切り立った岩場に外海らしい波しぶきが打ち寄せる。◎日高本線　節婦〜新冠　1987（昭和62）年12月18日

列車が砂浜に沿って走る区間では、線路際まで網が敷かれ、水揚げされた昆布を天日干しにしていた。夏の日高本線を彩る風物詩の一つだった。◎日高本線　日高幌別〜東町　2012（平成24）年7月26日

西様似を出た上り列車は牧草地の中を進む。前方の短いトンネルを潜ると、海岸通りへ向かって速度が上がった。背後には
花の百名山に数えられるアポイ岳（標高810.5m）がそびえる。◎日高本線　西様似〜鵜苫　1988（昭和63）年3月9日

太平洋の上に輝く太陽が、窓際の笑顔を照らし出した。楽しいひと時を過ごした街からの帰り道。向かい側に座る友達との
会話も弾む。◎日高本線　新冠　車内　1988(昭和63)年3月12日

石勝線

新緑の中に描かれたS字曲線は、かつて運炭列車が往来した鉄路。単行の気動車がヤマの方から軽快に走って来た。山影の先は19‰の下り坂だ。◎石勝線 夕張支線　鹿ノ谷〜清水沢　2006（平成18）年6月7日

夢の跡が所々にかたちとして残るかつての炭鉱街。閉鎖された炭住の向うを行き過ぎる列車だけが、未だ町が生きていることの証しであるかのよう。◎石勝線 夕張支線　鹿ノ谷～清水沢　2006（平成18）年 6 月 7 日

岩内線

朝から麗姿を見せていた後方羊蹄山は、陽が高くなると不機嫌になってしまった。閑散路線では日中見られる列車本数は限られる。「今日はこれぐらいで。」とでも言いたげに、午後2本目の列車が眼下を横切った。
◎岩内線　国富～小沢　1984（昭和59）年3月7日

江差線

終点区間は海沿いの路。遠くに水平線を望
み、江戸時代に北前船の寄港地として栄え
た江差を目指す。JR北海道色が、真っ青な
海と好対照を成して鮮やかに映った。
◎江差線　上ノ国〜江差
2008（平成20）年6月5日

木古内町と上ノ国町の境界付近から日本海側へ
流れる川の名前は天野川（あまのがわ）。江差線
は神明から宮ノ越付近まで、清流が育んだ谷に
沿って進む。
◎江差線　宮越〜湯ノ岱
2005（平成17）年3月12日

北の第三セクター鉄道はキハ40の楽園

【路線データ】道南いさりび鉄道　五稜郭〜木古内　37.8km

　JR路線としては廃止された江差線のうち、五稜郭〜木古内間をJR北海道から移管され、鉄道の営業を続ける道南いさりび鉄道。JR線時代と同様に、青函トンネルを潜って北海道と本州の間を行き交う貨物列車が、線内を頻繁に往来する。また、道南いさりび鉄道線内では、函館本線函館発着の普通列車を運転する。日中、1時間に1、2往復の運転頻度で、全線を通して運転する列車と、上磯までの区間列車がある。

　また、専用車両による観光列車「ながまれ海峡号」を定期的に運行している。この列車は乗客に津軽海峡等の車窓風景や、途中駅でのイベントを堪能

していただくべく、通常の普通列車よりも時間を掛けて、函館〜木古内間を往復する。「ながまれ」とは渡島地方の方言で、「ゆっくりして」「のんびりして」という本列車に相応しい意味合い。車内では沿線の提携レストランで調理された食事が供される。全ての列車には、自社所属のキハ40が用いられる。車体塗装は朱色5号の旧国鉄色を始め、黄色を基調にした新塗装や濃紺の地に山河や星、いさりび等をデザイン化したイラストを施した「ながまれ号」対応車等と種類豊富。近年になって旧国鉄急行気動車塗装の車両も登場した。

第三セクター鉄道として生き延びた、青函トンネルと連絡する函館〜木古内間の鉄路。交流電化された路線を、JR北海道から譲り受けたキハ40が、普通列車として走る。
◎道南いさりび鉄道　渡島当別〜釜谷　2016（平成28）年8月12日

2章
東北

線路は磐梯町から全景を拝めないほど、雄大なS字曲線を描きながら高原を上る。眼下を行く気動車列車は、会津若松から新潟へ直通する快速「あがの」だ。◎磐越西線　更科（信）〜翁島　1987（昭和62）年11月8日

地方路線がかたちづくった鉄道回廊
津軽線、大湊線、八戸線、花輪線、山田線、岩泉線、釜石線、五能線、男鹿線

【路線データ】
津軽線　青森〜三厩　　55.8km
大湊線　野辺地〜大湊　58.4km
八戸線　八戸〜久慈　　64.9km
花輪線　好摩〜大館　　106.9km
山田線　盛岡〜宮古　　102.1km
岩泉線　茂市〜岩泉　　38.4km
釜石線　花巻〜釜石　　90.2km
五能線　東能代〜川部　147.2km
男鹿線　追分〜男鹿　　26.4km

【津軽線】

青森と津軽半島の先端部に位置する、三厩を結ぶ津軽線。最初に建設された青森〜蟹田間。延伸区間の蟹田〜三厩間共に第二次世界大戦後の開業であり、他の青森県下にある鉄道に比べて歴史は浅い。1987年に中小国（当時は信号場）から分岐する津軽海峡線が開業すると、当駅を境に路線の様子は大きく変わった。青森〜中小国間は交流電化され、海峡線へ出入りする貨物列車が頻繁に通る。北海道新幹線新函館北斗開業前は八戸、青森と函館を結ぶ電車特急、長距離を走る寝台列車も運転されて、幹線経路の一部らしい華やかな様相を呈していた。また、同時期には蟹田始発終点となる普通列車の一部をキハ40等で運転していた。現在、同区間の普通列車は全て701系電車で運転する。中小国以北は非電化の単線区間。うっそうとした山中を短編成の列車が進む。途中、津軽二股付近で北海道新幹線の奥津軽今別駅と隣接するがそれもつかの間。最果ての寒村部を横切り、海辺に広がる集落の高台にある終点駅に到着する。蟹田〜三厩間の列車には長らくキハ40等の国鉄形気動車が用いられてきたが、2021（令和3）年にGV-E400へ置き換えられた。

【大湊線】

陸奥湾沿いに下北半島の西岸を北上する大湊線。起点駅の野辺地は旧東北本線の駅であり、内陸部へ向かう南部縦貫鉄道（2002（平成14）年廃止）の列車も発着していた。また終点大湊の一駅前となる下北は本州最北の駅。当駅からは大畑線が分岐していた。大畑線は1985（昭和60）年に下北交通へ経営移譲されたが、2001（平成13年）に廃止された。

ヨン・サン・トオの白紙ダイヤ改正時に急行「なつどまり」を青森〜大湊間に1往復新設。キハ58等を用いた気動車列車で午前中に上り列車が大湊駅を発車し、夕刻遅くに下り列車が帰って来る時刻設定だった。「なつどまり」は昭和50年代に快速となり、後の列車名は「うそり」。当時の使用車両はキハ40である。さらに民営化後、列車名を「しもきた」とし、同時に使用車両をキハ100に置き換えた。

【八戸線】

青森県の東部に建設されたもう一つの国鉄路線が八戸線。八戸を発車した列車は、東部に続く海岸沿いの路を進む。当路線は太平洋を望む車窓風景から、海辺の鉄道という印象が強い。しかし、陸中中野から先は高家川の谷を辿って山間部へ入る。久慈市内へ抜ける区間は、侍浜付近を峠とする山越え区間。急勾配にキハ40は排気煙を上げていた。

明治期より建設が始められた路線が久慈まで全通したのは1930（昭和5）年3月27日。そして1934（昭和9）には、尻内（現：八戸）〜鮫間でガソリン動車が運転された。しかし、本格的な気動車化が進んだのは昭和30年代の後半に入ってからだった。特筆されるのは、極寒冷地仕様車のキハ22が、東北地方で降雪量が少なく比較的温暖な沿線環境にある当路線に投入されていたことだろう。また、昭和50年代までは「うみねこ」等の急行列車が運転され、キハ58等が運用に就いていた。しかし急行は民営化と前後して快速化、または廃止となった。国鉄末期にはキハ40、キハ48等が台頭して主力車両になった。これらの車両は、民営化後に白と赤の二色塗装に塗り替えられた。また、平成中期には原色である朱色5号に再度塗り替えられた

車両が登場した。

八戸線は列車に乗って車窓を眺めて楽しい観光路線であり、車両の外観は従来のキハ48そのままに、内装や塗装に手を加えたキハ観光列車「うみねこ」が、2002（平成14）年に登場した。近年になってJR東日本管内で国鉄形気動車の置き換えが急速に進み、同路線の普通列車は、2018（平成30）年に全てキハE130となった。

【花輪線、山田線、岩泉線、釜石線】

奥羽山脈の北端部となる岩手、秋田の県境を跨ぎ、東北本線（現IGRいわて銀河鉄道）の好摩と秋田県北部の主要都市大館を結ぶ花輪線。本格的に気動車が導入されたのは昭和30年代の半ばだった。1968（昭和43）年10月1日のダイヤ改正時点で、客車列車は荒屋新町～大館間の区間列車を含む2往復のみとなっていた。蒸気機関車の三重連運転で名を馳せた龍ケ森を始め、いくつもの山越えが控える路線には二機関を備えたキハ52が投入された。また「みちのく」「よねしろ」等、当線を経由する急行をキハ28、キハ58等で運転した。キハ58は二機関を備えながら、その性能は非力との評価がある。故に急勾配区間では機関出力のほとんどを運転に充てねばならなかった。山間路線を走る仕業を多く抱えていた盛岡区所属の車両は、その代償として晩年まで冷房装置を搭載しなかった。

しかし、「よねしろ」の運用は秋田区所属の車両が担当していたので、同じキハ28、キハ58でも昭和50年代から冷房装置を搭載した車両が用いられた。

急行「よねしろ」は1986（昭和）年に快速「八幡平」となったが、翌年に秋田～陸中花輪（現：鹿角花輪）間の急行として復活。民営化後の2002（平成14）年まで運転された。

民営化後、これらの車両は全て地域色と呼ばれる、各支社独自の塗装に塗り替えられた。当初は桜桃色に白帯を巻いたいで立ち。後に紅白の二色塗りとなった。しかし、東北新幹線の盛岡延伸開業を控えていた盛岡支社は、管内路線の活性化策として2001（平成13）年、都市から所属するキハ28、キハ58、キハ52の一部を従来の国鉄色に塗り直した。原色に戻った車両は花輪線を始め、山田線や岩泉線の定期列車、記念列車を務めた。国鉄色車は鉄道愛好家のみならず、一般観光客等にも人気だったが、盛岡支社内の国鉄形気動車は、

2008（平成20）年に全てキハ110等のJR世代車両に置き換えられた。また山田線と共に三陸地方で環状鉄道を形成する釜石線では、途中の仙人峠に控える急勾配をより高速で走行するために、急行「陸中」の運用に就いていたキハ28、キハ58を他の路線よりも一足早く、1991（平成3）年に急行専用仕様のキハ110に置き換えた。

【五能線】

北東北の日本海側にも三陸地方と同様に風光明媚な海沿いを走る路線がある。青森、秋田県下の沿岸部をなぞる五能線。客車と貨車を連結した混合列車を、昭和50年代後半まで運転していた。それでもキハ22等を投入して気動車化は昭和30年代から進んだ。1968（昭和43）年10月のダイヤ改正で設定された「急行」深浦にはキハ28、キハ58を充当した。後に急行形車両は普通列車でも使用された。

民営化後の定期普通列車はキハ40、48の独壇場となり、全ての車両が地域色を経て路線色へ塗り替えられた。五能線の路線色はクリーム地に青帯を巻き、車体の中程に沿線の白神山地を図案化した三角形を配した意匠だった。

【男鹿線】

青を基調とした五能線用車両に対し、同じ秋田支社内の男鹿線用車両には、緑色の帯をあしらった塗装が施された。但し、国鉄形車両の末期には、男鹿線塗色車が五能線へ入ることもあった。また、「リゾートしらかみ」等の観光列車が走る五能線のさらなる活性化策として、2003（平成15）年から南秋田運転所（現：南秋田車両センター）所属のキハ40、キハ48三両が原色の朱色5号に塗り替えられた。

2021（令和3）年に五能線の普通列車はGV-E400。男鹿線は蓄電池電車EV‐E801に全て置き換わった。なお、秋田支社内には「リゾートしらかみ」用として、キハ40を改造した観光用車両が現在も臨時列車等で運用されている。

津軽線

津軽海峡線に続く区間が電化された後も、蟹田〜青森間を結ぶ区間列車に気動車が充当されていた。特急や貨物列車に混じって、国鉄型気動車が青森市の近郊区間を、通勤通学時間帯に快走した。
◎津軽線　津軽宮田〜油川　2009（平成21）年5月20日

津軽半島の端にある、終点駅の構内に立つ高い木を北風が大きく揺らしていた。最果てという言葉が似合いそうな曇り空の下。ホームで発車時刻を待つキハ48は、五能線色で塗られていた。◎津軽線　三厩　2017（平成29）年5月7日

大湊線

潮風が心地良い夏の海辺を行くキハ40。389号は大湊線のワンマン化に伴い、山形運転所（現・山形新幹線車両センター）から八戸運輸区へ転属した。◎大湊線　有戸～吹越1991（平成3）年8月1日

八戸線

薄明かりの中。線路上の枯葉に足を取られたのか、列車は数分遅れで林の中に置かれた小駅に停車した。すぐに機関の音が高まり、上向きの前照灯が森影の奥を蜜柑色に照らし出した。◎八戸線　金浜　2013（平成25）年11月4日

水平線が夕空と妙なる階調を成す頃、眩しく映る駅
構内に上下列車が到着した。信号機も踏切の警報
器も、白い気動車の車体を赤く染める。駅前ではタ
クシーが客待ちの様子だ。
◎八戸線　陸中八木　2009（平成21）年2月6日

のっぺりとした表情を湛えて上がって来た本日の太陽。波間に放たれて、より輝きを増した陽光が、気動車の白い車体をオレンジ色に染めた。今日もまた線路端の一日が始まった。◎八戸線　陸中八木〜有家　2009（平成21）年2月8日

荒涼とした景色の中にいる単行列車は、寂しい気分を募らせる。すっかり葉を落とした線路際の木立。沖合の波は白く、冬の訪れが近いことを伝えていた。◎八戸線　陸中八木〜宿戸　2013（平成25）11月4日

線路沿いの崖上に続く草原は、地域住民の生活道路だ。列車待ちの間に、畑仕事を終えたご婦人がこちらへ歩いてみえた。もうすぐ、朝の連続ドラマが始まるとのこと。「おはようございます。」
◎八戸線　有家〜陸中八木　2009（平成21）年2月7日

太平洋の眺望が車窓一杯に広がる海辺の路。秋の声を聞く頃になると、海岸に打ち寄せる波は季節風に煽られて、白く荒々しい表情になる。◎八戸線　有家～陸中八木　2002（平成14）年11月3日

太平洋沿岸を辿って来た線路は陸中中野を過ぎて、高家川が流れる谷沿いに久慈へ向かって内陸部へ入る。山中に置かれた
侍浜駅付近まで上り勾配が続く。◎八戸線　侍浜～陸中中野　2009（平成21）年2月7日

花輪線

岩手、秋田の県境を越えて、北東北を横断する花輪線。沿線には大小の山越えが点在する。分水嶺の一部を成す残決山（標高853.5m）の麓を横切る区間もその一つ。◎花輪線　田山〜横間　2002（平成14）年6月8日

蛇行する米代川と共に進む花輪線の線路も、緑の中で左右に曲がりくねる。快速「八幡平」には、急行に活躍したキハ28、キハ58が充当されていた。◎花輪線　八幡平〜湯瀬温泉　1998(平成10)年6月5日

遥かに岩手山（標高2,038m）を望む、スキー場等のリゾート施
設が開発された高原。木々の間を抜け、日の当たる築堤上に
躍り出た列車は、33‰の急勾配にゆっくりとした足取りだ。
◎花輪線　岩手松尾〜龍ケ森　1987（昭和62）年11月1日

山田線

谷間を流れる閉伊川。猫の額ほどの広さしかない畔に畑が耕られていた。畔に咲く色とりどりの花が、日毎に深さを増していく、夏へ向かう季節を物語っていた。◎山田線　川内〜平津戸　1995（平成7）年5月24日

山中の狭小地にヒマワリ畑があった。黄色い花が並ぶ傍らを、赤ら顔の急行型気動車が通過すると、周囲の濃い緑と合わせて、線路端はしばし、華やかな雰囲気に包まれた。◎山田線　箱石〜陸中川井　1998 (平成10) 年 6 月 4 日

岩泉線

かつてはスイッチバックの構内を備えていた押角駅だが、今は仮乗降場のような短く、簡素なホーム1面があるのみの秘境駅だ。僅かに雪が残る冬枯れの山路に、国鉄色のキハ52が現れた。◎岩泉線　押角　2007（平成19）年2月12日

押角峠に差し掛かると、線路周辺の木々はうっそうとして、行く手はいよいよ険しい雰囲気に包まれる。前方には押角トンネル（全長2,987m）が控え、二機関を備えるキハ52が本領を発揮した。
◎岩泉線　押角～岩手大川
2002（平成14）年6月4日

山肌に沿って建設されたコンクリートアーチ橋を渡る。民営化直後、盛岡支社管内のキハ52は、蜜柑色に白帯を巻いたいで立ちを地域色としていた。◎岩泉線　浅内〜岩手大川　1987（昭和62）年10月31日

釜石線

民営化から間もない頃の釜石線では、優等列車に活躍したキハ58等の急行形車両が、地域色に塗装変更されて、普通列車の運用にも就いていた。◎釜石線　岩根橋〜宮守　1990（平成2）年7月29日

オメガループで険しい山中を克服する仙人峠越え。急行「陸中」が雄大な下部トラス橋を渡る。眼下には谷の底部にある陸中大橋駅が見える。
◎釜石線　陸中大橋〜上有住
1990（平成2）年7月29日

五能線

区間列車の始発終点になっている深浦駅は、五能線の途中駅で要所になっている。蒸気機関車が現役であった頃には駐泊施設が置かれていた。現在も構内の傍らに単形の車庫が残る。◎五能線　深浦　2008（平成20）年2月3日

奇景ガンガラ穴近くの海岸には、切り立った岩肌がそそり立つ。頑強な岩を繰り抜いて建設したトンネルを潜り、列車は岩礁が広がる海辺へ躍り出た。◎五能線　陸奥岩崎〜十二湖　2016（平成26）年9月12日

波打ち際をすり抜ける朱色の気動車。正面扉には五能線全線開業80周年を記念したステッカーが貼られていた。ステッカーの中でも蒸気機関車と気動車が、沿線の絶景を背に驀進する。◎五能線　広戸〜深浦　2016（平成26）年9月12日

大きな奇岩が海岸部を飾る深浦界隈。真冬の荒涼とした景色の中を国鉄型気動車が走る。朱色の列車が枯れ彩の中で、存在感を放っていた。◎五能線　深浦〜広戸　1985（昭和60）年2月16日

地吹雪に見舞われる日が続くこともある津軽平野の冬。雪が収まった朝、岩木山（標高1,625m）を望む田んぼには、風の足跡を示す紋が描かれていた。◎五能線　板柳〜鶴泊　2007（平成19）年2月11日

明るい空色の中にそびえる岩木山（標高1,625m）。線路端を彩るリンゴの木は花盛りだ。登場時には馴染み辛かった朱色5号も、平成の今となっては懐かしい。津軽地方が最も伸びやかな表情を見せる春の光景である。
◎五能線　藤崎〜川部　2017（平成29）年5月9日

五所川原へ向かう列車をたわわに実を着けたリンゴの木が迎えた。地域色となった車両の側面には、津軽地方の象徴である岩木山を想わせる塗り分けが施されていた。◎五能線　川部〜藤崎　2017（平成29）年10月29日

男鹿線

八郎潟調整池と日本海を結ぶ船越水道には、長さ300mほどの橋梁が架かる。橋を渡る列車の周辺を飛び交うカモメが、海が近くにあることを知らせていた。◎男鹿線　天王〜船越　2007（平成19）年7月3日

雨をついて力行する朝の通勤通学列車。両運転台車のキハ40ばかりが、四両編成で運用に就いていた。いずれの車体も男鹿線の専用色に塗られている。◎男鹿線　脇本〜船越　2007（平成19）年5月6日

大船渡線、気仙沼線、石巻線、陸羽東線、米坂線、磐越東線、磐越西線、只見線、会津線

【路線データ】
大船渡線　　一関〜盛　105.7km
気仙沼線　　前谷地〜気仙沼　72.8km
石巻線　　　小牛田〜女川　44.9km
陸羽東線　　小牛田〜新庄　94.1km
陸羽西線　　新庄〜余目　43.0km
米坂線　　　米沢〜坂町　90.7km
磐越東線　　いわき〜郡山　85.6km
磐越西線　　郡山〜新津　175.6km
只見線　　　会津若松〜小出　135.2km
会津線　　　西若松〜会津滝ノ原　57.4km

【大船渡線】

　北上山地の南部を横断する大船渡線。急峻な山谷を地形に抗わず曲がりくねった線路と、山塊を一気に貫くトンネルの組み合わせで進む。旅客列車の気動車化に当たってはキハ17や昭和30年代に新製されたキハ20、キハ22等が投入された。しかし、勾配区間が多い路線故、昭和50年代には二機関を搭載するキハ52が普通列車の主力となった。さらに昭和50年代末期に入ると、キハ40等の新製車両が配置され徐々に勢力を拡大した。大船渡線の国鉄形気動車は、1991（平成3）年に同じ三陸海岸沿いの山田線宮古〜釜石間、釜石線と共にキハ100等に置き換えられた。また同年には、北上と横手を結ぶ北上線の列車もキハ100等に世代交代した。大船渡線は（平成23）年3月11日に発生した東日本大震災で被災。気仙沼〜盛間は長期間の運休を経て、バスによる代行輸送（BRT）での運行に置き換えられた。

【気仙沼線】

　同じく、震災で鉄道のバス転換を余儀なくされた路線が、大船渡線と気仙沼で接続していた気仙沼線だ。石巻線の前谷地から山間、沿岸部を通って気仙沼まで延びていた鉄路は、1977（昭和52）年に全通した若い路線だった。開業直後はキハ22等が主力となり、昭和末期になるとキハ40、キハ48、キハ58等が普通運用を担った。民営化後にキハ110が投入されたが、長きに亘って国鉄形気動車と併

用された。被災から2年近くを経た2012（平成24）年12月22日から、仮復旧措置としてBRTの本格的な営業運転を開始。その後、BRTを本復旧策とすることで沿線自治体とJR東日本が合意し、柳津〜気仙沼間の鉄路は2020（令和2）年に廃止された。

【石巻線】

　東北本線、陸羽東線が出会う鉄道の街小牛田から、宮城平野北部の広大な田園地帯を横断して、沿岸部の石巻、女川へ至る石巻線。貨物列車は昭和40年代末期まで、蒸気機関車C11が牽引していた。それに対して旅客列車は、1934（昭和9）年に小牛田〜石巻間でガソリン動車が運転を始め、早期に動力近代化へ着手した。昭和20年代末期にはキハ10等、当時の近代車両が投入された。昭和40年代に入ると、極寒冷地仕様のキハ22等が主力となり、国鉄末期にはキハ40、キハ48が投入された。また前谷地から気仙沼線へ直通する快速「南三陸」で使用されたキハ28、キハ58も普通列車の運用に就いた。民営化後、仙台支社管轄の路線で使用される急行形、一般形気動車は、白と緑の塗り分けに濃い緑色の帯を巻いた東北地域本社色に塗り替えられた。

【陸羽東線、陸羽西線】

　二路線で東北地方の中央部に横断鉄道を形成する陸羽東線と陸羽西線。いずれも大正期に全通し、太平洋側と日本海側を行き交う物流を支えた。無煙化への試みは早く、昭和初期に小牛田区へ導入されたガソリン動車が、小牛田〜陸前古川（現：古川）間で運転された。昭和20年代後半より旅客列車の気動車化が推進されてキハ17等、初期の近代型気動車が入線。さらに極寒冷地仕様のキハ22等が使用された。昭和40年代に入ると「もがみ」「月山」等の急行が設定されキハ28、キハ58等が運用を担当した。また、国鉄末期には普通列車がキハ40、キハ48等に代替わりした。民営化後、1998（平成10）年から路線塗装のキハ110等が投入され、「快

速」を含む両路線で運転していたキハ40等を置き換えた。

【米坂線】

米坂線は沿線に著名な観光地等はないものの、車窓の内外から山間鉄道の魅力を堪能できる希有な路線だ。手ノ子〜羽前沼沢間の宇津峠。それに続く伊佐領までの深い谷。さらには小国以西の赤芝峡と、四季を通じて旅人を魅了する。路線の中央部に急勾配区間が続く路線の主力はキハ52。そして新潟〜山形間を米坂線経由で結んでいた急行「べにばな」に使用されるキハ28、キハ58も普通列車の運用に入っていた。後にキハ40、キハ47、キハ48の国鉄時代後期に登場した一般形気動車グループが加わった。いずれの車両も新潟支社が管轄する新津運輸区の所属で、民営化後は白地に青、赤帯を巻いた第1期の新潟色に塗り替えられた。その後、地域活性化の一環として、同区所属のキハ52、3両が2006（平成18）年より国鉄旧一般形気動車塗装に塗り替えられた。また同時期よりキハ40等の一部車両も、朱色5号や国鉄急行形気動車色を模した塗装に塗り替わった。

【磐越東線】

福島県、新潟県を横断する磐越東線と磐越西線。福島県下の主要都市郡山と、かつては大規模な機関区を備え、旧来の鉄道愛好家等には「平（たいら）」が通り名になっているいわきを結ぶ磐越東線。国鉄時代には水戸〜福島間磐越東線経由で運転する急行「いわき」があった。急行に使用されていたキハ58等は、1982（昭和57）年に「いわき」が廃止された後も、当路線で普通列車に使用された。国鉄末期には1往復残っていた客車列車が気動車置き換えられ、キハ40等が入線した。民営化後の車両更新は近隣の他路線よりも早く、1991（平成3）年にキハ110が普通列車の全運用に就いた。

【磐越西線】

磐越東線とは対照的に、郡山と新潟県下に栄えた鉄道の街新津を結ぶ磐越西線。列車の運用は概ね、会津若松を境に分かれる。気動車の多くは、会津若松から電化区間の西端である喜多方以西の運用に就く。国鉄時代には会津若松と新潟を結ぶ急行「あがの」があった。また、阿賀野川沿いの森林浴路線には、民営化後も客車列車が残っていた。1995（平成7）年に1往復あった50系の客車列車を置き換えたのは、新津運輸区所属の一般形気動車だった。また、当時は普通列車にキハ58等が急行塗装のままで入っていた。

1999（平成11）年より蒸気機関車C57が牽引する「ＳＬばんえつ物語」が運転され、さらに脚光を浴びるようになった路線の名脇役は　復刻国鉄塗色車が加わった一般形気動車だった。

【只見線】

磐越西線に隣接する只見線も、鉄道自体が観光資源となった路線だ。雄大な渓谷に架かるいくつもの橋梁は、観光客を惹きつけて止まない。会津若松〜只見間は会津線として開業。1971（昭和46）年に小出〜大白川間を結ぶ只見線が只見まで延伸され、会津若松〜小出間が只見線になった。全通後はキハ52やキハ53 200番台車等の二機関搭載車が旅客列車の主力になった。また、昭和40年代に「いなわしろ」「奥只見」等の急行が運転を開始し、キハ28、キハ58が充当された。また、会津線（現：只見線）へ乗り入れる「いなわしろ」には、単行運転が利くキハ52を用いた。昭和50年代に入ると、只見線では最後の国鉄形となったキハ40、キハ48が投入された。

民営化からしばらく経つと、キハ40、48が路線内を席巻した。全線を会津若松派出所所属の車両が担当し、共通の車体塗装となったJR東日本東北地域本社色は、当路線の象徴となった。しかし、2011（平成23）年7月に発生した新潟・福島豪雨で只見線は大きな被害を受け、今日まで会津川口〜只見間が不通のままだ。その結果、小出〜只見間の列車は、新津運輸区所属の車両が受け持った。

全線復旧を目指して工事が進む只見線だが、線路が再び繋がる日を迎えぬまま、2020（令和2）年3月14日のダイヤ改正で国鉄形気動車はキハE120、キハ110に置き換えられた。同日には磐越西線でもキハ40等が運転を終えた。

【会津線】

現在は会津鉄道となっている西若松〜会津滝ノ原間は只見線の全通まで、旧会津線の支線だった。会津若松〜只見間が只見線に編入された際、従来の支線が単独で会津線となった。会津線では1987（昭和62）年に第三セクター鉄道の会津鉄道会津線へ転換されるまで、国鉄形気動車が使用された。

大船渡線

異なる塗装をまとった急行形気動車が、新塗装の一般形気動車を挟む3両編成の列車がやって来た。白塗りの顔に変貌した
キハ28は、従来の急行気動車塗装よりも強烈な印象を残した。◎大船渡線　真滝～陸中門崎　1987（昭和62）年10月24日

東北の長大河川、北上川を渡る手前では、水田の広がる丘陵地が続く。蓑を被った人のような形をした稲の杭掛けに見送られて、普通列車がやって来た。先頭は急行形気動車色のキハ58だ。◎大船渡線　陸中門崎〜真滝　1987（昭和62）年10月26日

小さな入り江を行く2両編成の普通列車。東北地方で比較的温暖な気候下にある三陸沿岸の路線でも、二重窓を備えたキハ22が使用されていた。◎大船渡線　細浦～小友　1985（昭和60）年2月24日

気仙沼線

東日本大震災以降、柳津より気仙沼側の区間は長い休止期間を経て、2020（令和2）年　4月1日を以って廃止された。柳津～気仙沼間は現在、BRTで運行している。◎気仙沼線　陸前横山～柳津　2007（平成19）年11月8日

海岸に敷き詰められた小石は、そのまま海の中まで続いて、水越しにもそこの様子がよく見える。高い空は雲一つない青色。
こんな澄んだ景色の中を鉄道が走っていたんだ。◎気仙沼線　大谷海岸～小金沢　2007（平成19）年11月8日

石巻線

大きく区画整理された水田が広がる、穀倉地帯を行く普通列車。巻きずし状にまとめられた稲藁が圃場のあちらこちらに置かれ、日没近くの斜光を浴びて影を長く伸ばしていた。◎石巻線　小牛田〜上涌谷　2011（平成23）年11月9日

気仙沼線が分岐する前谷地には、小ぢんまりとした木造駅舎が建つ。改札口のラッチ越しに構内を覗き込むと、国鉄時代と大きく変わらぬ日常風景があった。
◎石巻線　前谷地
2007（平成19）年11月8日

煉瓦積みのポータルが残る鳥谷坂トンネルは、明治時代末期に設立された仙北軽便鉄道が、小牛田〜石巻間を開業した1912（大正元）年の竣工。現在は一部が石材で補強されている。
◎石巻線　前谷地〜涌谷
2008（平成20）年10月26日

石巻線や只見線のキハ40等で見られた東北地域本社色。クリーム色に調子の異なる緑色二色の塗り分けを施した塗装は、後に只見線へ投入されたキハE120に受け継がれた。◎石巻線　佳景山-鹿又　2011（平成23）年11月9日

今日の仕事が片付いてホームで一服。もう、箱の中には何も入っていない。パチンコで少し儲けしたことだし、次の列車が来たら女川まで帰ろうかな。今の汽車は音が静かできれいだね。◎石巻線　石巻　2004（平成16）年9月6日

陸羽東線

東北里山の紅葉は赤が基調。紅葉や漆の木々が色彩の主旋律をつくる。麓を走る気動車の朱色は、同化しそうで列車の存在をはっきりと主張する妙なる赤だ。
◎陸羽東線　川渡温泉〜池月　1987（昭和62）年11月6日

鮮やかに山を染めた今年の紅葉も終盤に差し掛かった。流れ込む雲が森に影を落とす中、朱色の気動車が僅かな間だけ、鉄橋の上に姿を現した。◎陸羽東線　中山平（現・中山平温泉）〜堺田　1987（昭和62）年11月4日

紅葉の景勝地として知られる鳴子峡。車両はトンネルの間に架かる短い橋梁の上にのみ姿を現す。トンネルの中にライトが浮かんだ次の瞬間、キハ48が徐行気味に足元を通過して行った。◎陸羽東線　鳴子～中山平　1987（昭和62）年11月4日

陸羽西線

山形新幹線の新庄延伸に伴い、専
用色のキハ110が投入されるまで、
陸羽西線の普通列車には、雑多な
種類の国鉄型気動車が運用を担っ
ていた。編成の中間に収まるキハ
58は、冷房装置未搭載車だ。
◎陸羽西線　羽前前波～升形
1987（昭和62）年8月2日

最盛期には仙台～酒田間を仙山線、奥
羽本線、陸羽西線、羽越本線経由で運
転していた急行「月山」。国鉄末期に
は山形～酒田間に運転区間を縮小。民
営化後、急行運用に就くキハ58等が専
用塗装になった。
◎陸羽西線　古口～津谷
1991（平成3）年8月2日

何日も雪が降り続いた日本海側の町。地域の玄関口である駅は列車の運行こそあるものの、白い壁に被われていた。駅舎の屋根は綿帽子を被ったかのような状態で、軒下には氷柱が下がっていた。◎陸羽西線　狩川　2008（平成20）年2月2日

キハ110等、JR世代の新型車が投入された後に、観光列車として「びゅうコースター風っこ」が登場した。壁面を素通しにした トロッコ風の車両は、キハ48の改造車だ。◎陸羽西線　古口〜津谷　2001（平成13）年8月15日

米坂線

所々、枯れ草に埋もれたレールだが、車輪と触れる上面は輝き、列車が来ることを予感させる。今泉は旧長井線の山形鉄道が
乗り入れる、米坂線との連絡駅だ。◎米坂線　今泉　2008（平成20）年11月6日

陽はすでに落ちて、あかね色の空は急速に深みを増していく。車輪の音が響いて、遠くに前照灯が点った。ススキを揺らして、
米沢行きの列車が迫って来る。◎米坂線　萩生〜羽前椿　2008（平成20）年11月5日

二機関を搭載するキハ52は、平坦区間で高出力を抑えた余裕の走りを見せる。一機関車両の相棒を牽っ張るかのように、目の前で力強く加速した。◎米坂線　萩生～羽前椿　2008（平成20）年11月６日

出入り口の扉は二重構造。水回り施設等が一体化して、雪国らしい設えの建物だった手ノ子駅の旧駅舎。元号が令和に移った後の2020（令和２）年に新駅舎へ建て替えられた。◎米坂線　手ノ子　2008（平成20）年11月５日

宇津峠の手ノ子方で、紅葉の季節に好ましい光が差し込むのは朝の短い間だけ。今日は国鉄色のキハ52が、長いトンネルを潜って築堤上へ駆け下りて来た。◎米坂線　羽前沼沢～手ノ子　2008（平成20）年11月5日

周辺の木々はどれも雪帽子を落としていたが、線路は押し固められた雪で真っ白になっていた。暖冬といわれた年。それでも雪は谷間に白く化粧を施した。
◎米坂線　羽前沼沢〜手ノ子
2009（平成21）年2月4日

全長1kmを超える宇津トンネルが貫く山は、秋が盛りを迎える時期になると、急峻な斜面を錦の病葉で埋め尽くす。下り勾配区間を、列車は車窓風景を楽しむかのように、ゆっくりと走って来た。
◎米坂線　羽前沼沢〜手ノ子
1987（昭和62）年10月29日

明沢川の渓谷には気動車2両が乗り切らない位の短いアーチ橋が架かる。南側には切り立った高い山があり、橋の周辺に光が差す時間は、思いの外短い。◎米坂線　羽前沼沢〜伊佐領　1999（平成11）年5月25日

線路の向うに茅葺屋根が見える、時代を超えた眺めだった。歴史を遡って、どれだけ昔の車両が来ても良く似合う風景の中に急行「べにばな」が飛び込んで来た。◎米坂線　羽前沼沢〜手ノ子　1987（昭和62）年10月29日

五色の山中に続く急曲線の連続は、スキー板が描いたシュプールの様。華やかな眺めに国鉄急行色の列車が調和する。急行から快速になっても、列車名の「べにばな」は健在だった。◎米坂線　伊佐領〜羽前沼沢　2008（平成20）年11月5日

磐越東線

キハ58等で編成された列車が、朝の要田界隈を行く。車両は全て、かつての急行「いわき」を想わせる急行形気動車塗装だ。
背景には安達太良山（最高峰箕輪山　標高1,728m）がゆったりとした稜線を延ばしてそびえていた。
◎磐越東線　三春〜要田　1987（昭和62）年11月8日

磐越西線

会津若松運輸区（後の郡山総合車両センター会津若松派出所　現在検修部門等を外注とし、事実上の閉鎖状態）の扇形庫には、
只見線用のキハ40等が常駐していた。◎磐越西線　会津若松　2007（平成19）年10月28日

阿賀野川流域の山里に今年も春が
やって来た。5月の連休中が田植
えの繁忙期。機械で苗を一通り植
えた後、お母さん達は差し苗に余
念がない。
◎磐越西線　日出谷〜鹿瀬
2008（平成20）年5月3日

薄暮を突いて山に向かって走る。車内を照らし出す蛍光灯の灯りが、ほの暗い蒼い風景の中で温かく映った。新潟へ向かう旅は始まったばかりだ。◎磐越西線　山都〜喜多方　2015（平成27）年5月30日

民営化後に地域色へ塗り替えられた国鉄型気動車だったが、路線活性化策の一つとして国鉄色に再度塗り変えた車両が登場した。「紅葉狩り列車」等、特別な臨時列車に充当されることも少なくなかった。
◎磐越西線　徳沢〜上野尻　2006（平成18）年11月5日

穏やかな流れが続く阿賀野川に影を落として、快速「あがの」が淡い緑の森林浴路線を行く。原色の急行形気動車色と新潟色の混合編成だ。◎磐越西線　徳沢〜豊実　1990（平成2）年4月30日

フジの花と新緑が、優しい春の詩を奏でていた。慶徳の山路は山都から上り坂が続く。キハ47とキハ48の2両編成は、連続する曲線区間を踏みしめるかのように、ゆっくりと上って来た。
◎磐越西線　山都〜喜多方
2007（平成19年）5月14日

温泉街へ続く咲花界隈の山路には、早朝のみ陽光が差し込む。
白地を基調にした新潟色のキハ47が、トンネルから顔を出した
次の瞬間、太陽と対峙した正面周りをギラギラと輝かせた。
◎磐越西線　馬下〜咲花　2014（平成26）年9月23日

只見線

駅長さんがホームへ出て列車を出迎える。上着のボタンは全て留められ、黒光りした靴のつま先は真っ直ぐに列車が来る方向を向く凛とした姿勢だ。手には旗とタブレットキャリアが携えられていた。
◎只見線　会津坂下
2007（平成19）年11月3日

下り列車を待たせて、学生服の波が構内踏切を渡って行く。そこに写る子ども達の顔は年を追うごとに移り変わるけれど、賑々しい朝の光景は日々繰り返される。
◎只見線　会津坂下
2008（平成20）年11月4日

たわわに実を着けたリンゴの向うを気動車が走って行った。ここは南東北、会津盆地。青空を背景にして真っ赤な果実がくっきりとした輪郭をかたちづくった。◎只見線　会津坂下～塔寺　2012（平成24）年10月27日

先月まで積雪が見られた山路に、今年も眩い春がやって来た。咲き誇るサクラのトンネルを潜って、会津若松行きの列車が
日溜まりの中を走る。◎只見線　郷戸〜会津柳津　2018（平成30）年4月21日

月光寺、糸瀧不動尊の近くを流れる沢の畔で、大きなサクラの木が線路の両脇に立つ。昼間の車内は、お花見に絶好の移動空間となる。少ない列車本数は惜しまれるところ。◎只見線　会津柳津〜郷戸　2018（平成30）年4月21日

ホームに停まったキハ58は、タブレットキャリアの衝突等、不測の事態に備えて扉窓に防護柵を取り付けた重装備車両だった。通常、通過列車がない閑散路線では、常に安全運行が維持される。◎只見線　会津桧原　1987（昭和62）年10月27日

全長40mの列車が小さく見えるほど雄大なアーチ鉄橋を、朱色5号に身をまとったキハ47がゆっくりと渡って行った。令和の世に出現した、昭和時代の残像だった。◎只見線　会津西方～会津桧原　2019（令和元）年8月4日

冷たい雨が降る日は心細い。時刻表の通りに列車は来るだろうか。霧に煙る線路の奥に二つ目玉の灯りが浮かび上がると、安堵に気持ちがよれる。暖かく明るい車内へようこそ。◎只見線　会津西方　1987（昭和62）年11月10日

アーチ橋を渡る急行形気動車を、国道から俯瞰で見る。冷房装置が載っていないベンチレーターが並ぶ屋根は、北国の車両であることを物語っていた。もちろん、窓は開く仕様だ。◎只見線　会津宮下〜会津西方　1990（平成2）年4月30日

濃厚な色合いの紅葉が彩る第三只見川橋梁の周辺。流れが緩やかな只見川に架かる下方トラス橋は、蒸気機関車が健在であった時代から、鉄道愛好家の間でよく知られた名所だった。◎只見線　会津宮下〜早戸　2007（平成19）年11月6日

宮下ダムの上流に位置する早戸界隈の只見川では、堰き止められた水が穏やかな表情を見せる。列車の窓から手を延ばせば、触れることができそうな新緑が瑞々しい。◎只見線　早戸～会津宮下　1987（昭和62）年 5 月 9 日

優等列車に使われた急行形気動車の
終焉間近に、国鉄時代の塗色に再塗
装された車両が現れた。快速「南三
陸」等で活躍したキハ28 2174号と
キハ58 414号は修学旅行列車色のい
で立ちで、臨時列車等に使用された。
◎只見線　会津水沼〜早戸
2008（平成20）年2月9日

踏切を示す標識が気持ち良さそうに
建っていた。その袂には三角形の容
姿から会津のマッターホルンとも称
される、蒲生岳（標高828ｍ）への登
山道を示す案内板があった。
◎只見線　会津蒲生
1995（平成7）年10月11日

小春日和に恵まれた日の昼下がり。波が収まった川面に列車の影が映し出された。橋の周囲は色とりどりに着飾った木々が編み出す錦秋の山だ。◎只見線　会津中川〜会津水沼　2017（平成29）年11月6日

深い山中にひっそりとたたずむ田子倉湖の岸辺に、列車
はほんの一瞬だけ姿を現す。後ろにそびえる山は浅草
岳（標高1,585.5ｍ）。付近にはかつて田子倉駅があった。
◎只見線　田子倉〜只見　1995（平成７）年10月11日

緑が萌える山に向かって、気動車が森影の先へ足を進めていった。ここから六十里越えの峠に向かって、上り勾配は厳しさを増していく。◎只見線　大白川〜入広瀬　2019（令和元）年10月11日

会津線

会津盆地から奥会津の山中へ源流を遡る阿賀川（阿賀野川）。会津線は清流の流れに沿って、会津若松と会津滝ノ原（現・会津高原）を結ぶ閑散路線だった。◎会津線　弥五島〜会津下郷　1981（昭和56）年11月3日

コンクリート製の山王川橋梁は1953（昭和28）年の竣工。阿賀川（大川）の支流を九連のアーチで跨ぐ。朝の光が美しい橋の陰影を描き出した。◎会津線　会津田島～中荒井　1981（昭和56）年11月3日

羽越本線

お盆前までは海水客で賑わった白砂の浜辺。晩夏を迎える頃には、さざ波だけが聞こえる静かな海に戻っていた。全線電化の羽越本線だが、村上〜酒田間の区間列車は気動車が主力だ。◎羽越本線　今川〜越後寒川　2010（平成22）年8月23日

景勝地笹川流れを行くキハ47 2両編成の普通列車。釣鐘のような形をした蓬莱岩を始め、波風が長年かけてつくり出した個性的なかたちの岩礁が車窓を飾る。
◎羽越本線　越後寒川〜今川　2010（平成22）年 8 月23日

片開きの二枚扉に急行形気動車の面影が重なるキハ48。複線電化区間の羽越本線を行く国鉄急行形気動車風色の車両は523号。国鉄末期に製造された、デッキ付きの寒冷地仕様車だ。◎羽越本線　鼠ヶ関〜府屋　2019（令和元）年8月15日

急行用を含む国鉄型気動車は、客室窓の開く仕様が大きな魅力の一つだ。鉄道旅を楽しむ兄さん姉さんを、駅に居合わせた私が記念撮影。つかの間、線路越しの会話が弾んだ。◎羽越本線　今川　1996（平成8）年8月11日

奥羽本線

気動車による客車列車の置き換えが進められた奥羽本線の中部。すでに全線が電化されていた幹線で、単行の気動車が区間列車の運用に就いていた。
◎奥羽本線
峰吉川〜刈和野
1991（平成3）年11月12日

仙山線

東北地方の支線では希有な電化路線の仙山線。当路線を通り、非電化路線へ足を進める急行「月山」「べにばな」等は、キハ58等の急行形気動車が充てられていた。◎仙山線　奥新川〜面白山　1985（昭和60）年3月2日

東北本線

幹線上を5両編成で堂々と行進する。国鉄末期に盛岡周辺では、東北本線の区間列車は客車から気動車に置き換えられた。
白い車体にJR東日本のコーポレートカラーである緑色のJRマークが映える。
◎東北本線　石鳥谷〜日詰　1996（平成8）年5月30日

東北本線、奥羽本線の終点であった青森駅には客車や電車の他、気動車による急行や快速が顔を出していた。気動車列車は八戸線や五能線等、支線の駅を始発として、本線経由で青森に至る列車が多かった。
◎東北本線　青森　1981（昭和56）年2月10日

桜のトンネルを潜り抜けた国鉄型気動車

【路線データ】津軽鉄道　津軽五所川原～津軽中里　20.7km

　本州最北の私鉄津軽鉄道。津軽半島の付け根部分に相当する五所川原市を起点とし、昭和初期の小説家、太宰 治の故郷である金木を経て、中泊町の中心街、中里に至る非電化路線では、昭和20年代半ばから気動車が導入された。当初は自社発注の車両を用意したが、昭和40年代に入って旧国鉄から、キハ11　2両の払い下げを受けた。また、旧国鉄の民営化後に、JR東日本からキハ22　3両を譲渡された。津軽鉄道への移籍に伴い、キハ11はキハ24000形に。キハ22はキハ22　22000番台車と改番した。

　キハ24000は1991（平成3）年まで。キハ22は2007（平成19）年まで使用された。現在、津軽鉄道が所有する気動車は、自社発注車の津軽21形のみである。

ディーゼル機関車が客車を牽く「ストーブ列車」で知られる津軽鉄道だが、沿線住民にとって生活の足となる普段着の列車には、今日まで気動車が使われてきた。岩木山を背景にした姿は津鉄の象徴。
◎津軽鉄道　嘉瀬～金木　1991（平成3）年5月5日

3章
関東甲信越

雑然とした雰囲気に包まれる車止め周辺を、コスモスが雨に濡れながら健気に飾っていた。久留里線の終点は、釣り場として人気のダム湖である亀山湖の北畔に近い、君津市内の藤林地区にある。◎久留里線　上総亀山　2010（平成20）年9月27日

首都圏を遠巻きに見る地方交通線
水郡線、足尾線、烏山線、久留里線、八高線、飯山線

【路線データ】
水郡線　　水戸～安積永盛　137.5km
　　　　　上菅生～常陸大宮　9.5km
足尾線　　桐生～間藤　44.1km
烏山線　　宝積寺～烏山　20.4km
久留里線　木更津～上総亀山　32.2km
八高線　　八王子～倉賀野　92.0km
飯山線　　豊野～越後川口　96.7km

【水郡線】

　福島県郡山市内の安積永盛と、茨城県の県庁所在地水戸を結ぶ水郡線。東北と関東の境界は、街道時代に関所があった白河といわれる。この括り通りに路線や駅を仕分けると、起点の安積永盛は、東北本線で白河以北にあるので東北の範疇に入ることになる。しかし、水郡線は東北本線の東側を南下して長い区間、茨城県内を通るので、関東圏の路線と位置付けても差し支えあるまい。「久慈川清流ライン」の愛称通り、景勝地袋田の滝が近くを流れる常陸大子周辺では久慈川に沿って谷間を走る。

　また、那珂市内の上菅谷から隣町の常陸太田まで10km足らずの支線が延びている。水戸～常陸大子間と上菅谷～常陸太田間は、2014（平成26）年に旅客営業規則が定める大都市近郊区間の「東京近郊区間」に組み入れられた。

　気動車は昭和40年代以降、近郊型気動車のキハ45等が投入された。昭和50年代半ばより急行「ときわ」「奥久慈」等で使用されていたキハ28、58が運用に加わる。国鉄末期になるとキハ40、キハ47が旧型車の代替車として登場。しかし、民営化後に車両のワンマン化改造が行われると、キハ47が転出し代わりにキハ48が入線した。民営化後も継続して使用された国鉄形気動車だったが、1992（平成4）年にキハ110 100番台車に置き換えられた。

【足尾線】

　栃木、群馬県境を流れる渡良瀬川上流部にあった、足尾銅山から産出する鉱石等の輸送を目的と

して建設され、大正期に全通した足尾線。現在は第三セクター会社わたらせ渓谷鐵道が運営する、わたらせ渓谷線となっている。

　貨物線として営業していた末端部の足尾本山付近には30.3パーミルの急勾配があり、非力な気動車には不向きな路線であるかのように見える。しかし、昭和30年代に入ると機械式気動車のキハ04形が投入され、旅客列車の気動車化が推進された。また、国鉄時代に最後まで使用されたのは一機関搭載車のキハ20だった。関東圏で民営化を間近に控えて足尾線同様、第三セクター化された路線に真岡線（現：真岡鉄道）がある。ここでも最期までキハ20、キハ25が用いられてきたが、真岡線内では極一部を除いて平坦区間が続く。

【烏山線】

　北関東を通る東北本線では、数少ない非電化支線の烏山線。鬼怒川の東岸にある宇都宮近郊の駅、宝積寺と那珂川の谷間に位置する烏山を結ぶ。昭和初期から気動車が導入され、旅客列車の無煙化が進んだ。昭和30年代以降はキハ17、キハ20など、時の新鋭車両が入線し、国鉄末期にはキハ40が主力の座に就いた。民営化後は全ての車両が路線色に塗装を変更。白地にデザイン化された緑色の帯をあしらった姿になった。しかし、2003（平成15）年に烏山線開業80周年の記念事業として、キハ40 1004が原色である朱色5号に塗り替えられた。後にキハ40 1005も朱塗りとなった。また2010（平成22）年には開業88周年記念事業として、キハ40 1003、1007が国鉄一般形気動車色と呼ばれる、赤とクリーム色の二色塗装に変更された。21世紀に入っても本線上を行くキハ40を見ることができたが、2014（平成26）年に蓄電池駆動電車EV301系「ACCUM」が登場。翌年には烏山線の全列車を置き換えた。

【久留里線】

　かつては気動車王国といわれた千葉県内の国鉄

路線。総武本線等の本線系では昭和40年代の半ばに無煙化を達成し、急行等の優等列車を含む旅客輸送に気動車が活躍した。しかし、鉄路の主役に就いたのもつかの間。無煙化から間もなく、電化工事が進展するにつれて元々支線が少ない県内では、木更津から内陸部の養老山中へ延びる久留里線が国鉄では唯一の非電化路線となった。

久留里線の主力となった車両は、通勤型気動車のキハ30だった。また、昭和50年代まではキハ17や急行型のキハ60等、率先して動力近代化を推進した地区に相応しい多種多様な気動車を見ることができた。さらに国鉄末期になると新系列車のキハ37を導入。さらに民営化後、キハ38が八高線から転属して来た。いずれも国鉄時代に製造された車両だった。キハ30と混用され、キハE130に置き換えられた2012（平成24）まで活躍した。いずれの車両も民営化後には白地に青、緑の帯を巻き、前面貫通扉を黄色く塗った路線色になった。しかし、21世紀に入ってキハ30三両が国鉄旧一般形気動車塗装の赤とクリーム色の二色塗りとなった。

【八高線】

八王子と高崎市南部の倉賀野を結び、関東地方西部を縦断する八高線。100km近くにおよぶ路線は平成初期まで全線非電化だった。それでも都市圏の近郊路線らしく、昭和30年代の始めには全ての旅客列車が気動車化された。当初は動力近代化初期の車両であるキハ17等が投入された。昭和40年代に入ると、特に都市部で増大する輸送量に対応すべく、通勤型のキハ35等が主力となった。国鉄末期にはキハ35の後継車両としてキハ38が製造された。これらの国鉄形気動車は民営化後も運用されたが、八王子〜高麗川間が電化開業した1996（平成8）年に全車が引退。非電化区間もキハ110等、JR世代の気動車に置き換えられた。

【飯山線】

長野市の郊外で、しなの鉄道北信濃線の豊野から分岐し、大河千曲川、信濃川と絡みながら上越線の越後川口へ至る飯山線。小さな山越え、丘陵越えが点在する沿線は国内有数の豪雪地帯であり厳しい環境を克服するために、二機関を備えた強力な気動車が投入されてきた。

昭和30年代に入って、機械式気動車のキハ07（当時キハ42500）が、長野〜戸狩間の列車に導入され

た。以降、キハ11やキハ20等の近代型気動車も旅客運用に参入し始めたが、昭和40年代に入ると二機関車両のキハ52が普通列車の主力になった。同時期の飯山線では準急、急行「うおの」「野沢」が運転され、準急時代にはキハ55が。急行時代にはキハ58等が運用に就いた。これらの列車は国鉄時代に廃止され、余剰となった車両の多くは普通運用に転用された。

民営化後も路線内の定期旅客列車は、引き続き国鉄形気動車で運転した。また、車体塗装を地域色に変更。青とアイボリーホワイトの二色塗りに、フランス語で友情の列車を意味する「VIOTRUE AMITIÉ」の文字を配した。装いも新たに地域輸送を担ったこれらの車両は、1997（平成9）年にキハ110等へ置き換えられた。

なお、定期列車はキハ110等、JR車両一色となった今日だが、キハ40、キハ48の改造車による観光列車「越乃Shu＊Kura」が、休日を中心に十日町〜越後川口間に入線する。

◎函館本線　駒ケ岳〜東山　2017（平成29）年12月15日

水郡線

朝の列車は雑多な編成急行形のキハ28を先頭に、キハ40や国鉄末期には希少な存在であったキハ25等、1両ごとに異なる車両が連結されていた。中間のキハ58のみが冷房改造車だ。◎水郡線　玉川村　1986（昭和61）年9月14日

夏草を掻き分けるようにして普通列車が行
く。国鉄時代の普通列車は、民営化後に比
べて長い編成のものが多かった。冷房装置
を載せたキハ28、キハ58の客室窓はほとん
どが閉まっていた。
◎水郡線　袋田〜上小川
1986（昭和61）年9月14日

爽やかな西風が吹き始めると、キャンプ客等で
賑わった久慈川の岸辺は平穏な時間を取り戻
す。3両編の普通列車には、近郊型のキハ45が
組み込まれていた。
◎水郡線　西金〜上小川
1986（昭和61）年9月14日

足尾線

昭和末期に第二次特定地方交通線となり、廃止が現実味を帯び始めた足尾線（現・わたらせ渓谷鐵道　わたらせ渓谷線）。それでも昭和50年代にはキハ48等、時の新鋭車両が一部の列車に投入された。
◎足尾線　大間々～上神梅　1985（昭和60）年9月14日

渡良瀬川の渓流に沿って、江戸時代に開かれた足尾銅山を目指す足尾線。路線は民営化後、程なくして第三セクターのわたらせ渓谷鐵道へ移譲された。JR時代の末期まで、キハ20が使用されていた。
◎足尾線　原向～沢入　1985（昭和60）年8月27日

窓枠まで木製の木造駅舎が残る上神梅。切妻平屋の建物は1912（大正元）年の竣工で、2008（平成20）年に国の登録有形文化財に指定された。
◎わたらせ渓谷鐵道　わたらせ渓谷線
上神梅　2019（令和元）年11月9日

山中に鉱山施設の跡が残る足尾町。足尾線は終点間藤から、鉱山近くの足尾本山まで貨物線が延びていた。銅山の閉山後、末端区間は運行を休止して免許を失効し、1998（平成10）年、正式に廃止された。
◎足尾線　足尾本山　2007（平成19）年11月12日

烏山線

畦道に揺れる一風変わったかたちの花を着けるヒマワリは東北八重。日本の種苗会社が登録している国産の改良種だ。花越しに見えるキハ40も、民営化後に生み出された国鉄急行形気動車色風の塗装。◎烏山線　仁井田～下野花岡　2014（平成26）年8月8日

民営化後、烏山線を走るキハ40等は、独自の路線色に塗り替えられた。クリーム地に緑の斜線を取り合わせた図柄は、特急「踊り子」等で活躍した185系を連想させる。◎烏山線　鴻野山〜大金　2011（平成23）年3月3日

民営化後に塗り替わった国鉄一般形気動車塗装のキハ48 1003号。キハ40一族、新製時の塗装ではないが、温もりのある優しい色合いは地方路線沿線の風土と良く馴染む。◎烏山線　大金〜鴻野山　2011（平成23）年3月3日

朱色5号塗装のキハ40 1005号が排気煙を噴き上げて、陽炎揺れる草いきれの中を進む。車体にJRマークはないが、前面に貼られた恵比寿神のステッカーは平成の景色であることを表していた。◎烏山線　下野花岡～仁井田　2014（平成26）年8月8日

黄色く色づいた水田を見下して、2両編成の普通列車が里山を走る。塗装は異なるが烏山線のキハ40はいずれもワンマン化改造車だ。扉付近に乗降口と記載した幕表示がある。◎烏山線　鴻野山～仁井田　2019（令和元）年9月17日

終点の烏山に向かって名瀑、龍門の滝の上方を通る。烏山市内の太平寺付近で、那珂川の支流である江川は大きく曲がり、落差約20mの瀑布を形成している。◎烏山線　滝〜烏山　2011（平成23）年3月3日

キハ40が蓄電池駆動電車EV-E301系「ACCUM」と混用されていた頃の烏山線。先頭のキハ40　1003号は、烏山線の開業88周年を記念して、2010（平成22）年に国鉄一般形気動車色へ塗り替えられた。◎烏山線　滝～小塙　2019（令和元）年9月17日

冬晴れの下に、上屋の三角屋根がくっきりと浮かび上がった。国鉄型気動車が良く似合った、木造駅舎時代の烏山駅。民営化後に掛けられたと思しき駅名看板が、時代の変遷を物語っていた。◎烏山線　烏山　2017（平成29）年2月27日

2012（平成24）年までスタフ閉塞による列車運行が行われていた烏山線。終点駅には腕木式信号機が設置されていた。機械部品が組み合わさった可動部は、人形のような形状だ。◎烏山線　烏山　2011（平成23）年3月3日

久留里線

国鉄末期に製造されたキハ38。車内は一部を除いてロングシートが設置されていた。座席には、人一人が座ることができる
大きさの凹みが、連なって付けられていた。◎久留里線　久留里～俣田　2004（平成16）年5月28日

周辺幹線の電化進展に伴う流入車か。または木更津周辺にお
ける通勤通学の混雑事情を察してか。久留里線には通勤型気
動車が投入されてきた。末期まで残ったキハ30三両は、国鉄
気動車色に再塗装された。
◎久留里線　上総松丘～上総亀山
2010（平成22）年9月27日

専用塗色のキハ38が春の田園地帯を行く。久留里までは木
更津近郊の平坦区間。日中は木更津～久留里間の列車が多
く設定されている。運転本数は1時間に1往復程度だ。
◎久留里線　久留里～平山　2004（平成16）年5月28日

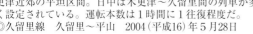

八高線

冬枯れの金子坂は武蔵野の風情。峠の奥に姿を隠す線路をキハ35が駆け上がる。雪道の安全確認だろうか。運転台には、3名の職員が乗務していた。◎八高線　東飯能～金子　1991（平成3）年1月31日

キハ35等の置き換えを目的として製造されたキハ38。7両の小世帯故、民営化後もJR世代のキハ110等に置き換えられるまでキハ30、キハ35と併結して運用に入ることがあった。◎八高線　越生～明覚　1987（昭和62）10月5日

ホームに建てられた授受装置に装着されたタブ
レットキャリア。順光下で詳細がはっきりと分か
るキャリア各部の風合いは凛々しい。満を持して
貨物列車の通過を待つ。
◎八高線　明覚　1986（昭和61）年3月9日

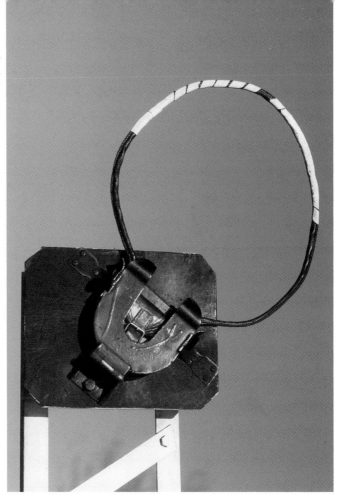

ホーム間を結ぶ簡易な通路を、各地で見ることができたのは、民営化からまだ間もない頃。ホームの壁面に蹴込みがある設
えのものは社員専用である。◎八高線　明覚　1991（平成3）年1月31日

都市部の近郊路線として、通勤型の気動車が投入されてきた八高線。キハ38は電化が予定される中で、当路線に向けて製造
された最後の国鉄型気動車だった。◎八高線　折原〜竹沢　1995（平成7）年11月2日

民営化後も塗り替えられることなく、朱色５号の塗装で走り続けた八高線のキハ30とキハ35。いずれの車両も前面には踏切事故対策として、補強材を装着していた。◎八高線　明覚〜越生　1987（昭和62）年10月５日

通勤型気動車のキハ30。通勤輸送に対応して、座席はロングシート仕様。３か所ある扉は、車体の外側に設置された両開き式と、国鉄型気動車の中では異彩を放っていた。◎八高線　小川町〜明覚　1995（平成７）年11月２日

飯山線

晴れ渡った真冬の朝。麓に霧が残る高社山（標高1351.5m）が、より荘厳に見える。長野行きの列車が音もなく、白い景色の中を滑って行った。◎飯山線　蓮～替佐　1994（平成6）年2月10日

普通列車の運用に就くキハ58。冷房装置を搭載し、賑やかになった屋上は、かつて急行列車に充当されていた証だ。飯山線では旧信越本線の横川〜軽井沢間用に製造された、キハ57も活躍した。
◎飯山線　横倉〜森宮野原
1987（昭和62）年10月28日

豊野から東へ進む毎に積雪が増していくと言われた飯山線。
◎飯山線　蓮〜替佐1996（平成 8 ）年 2 月10日

千曲川の流れに沿って進む飯山線。川が蛇行する地域では、両岸を険しい山塊が囲む。迫って来る山影を振り払って、単行のキハ52が雪原へ飛び出して来た。◎飯山線　上桑名川～上境　1994（平成6）年2月10日

霞ヶ浦の岸辺を走った機械式気動車

【路線データ】鹿島鉄道　石岡〜鉾田　27.2km

常磐線に隣接する石岡から、霞ヶ浦の北岸を通り、東に鹿島灘を望む海辺の街鉾田まで延びていた鹿島鉄道。大正期に鹿島参宮鉄道として開業した。1965（昭和40）年に上総筑波鉄道と合併して関東鉄道鉾田線となる。さらに関東鉄道の合理化策を受けて、鉾田線は新設された鹿島鉄道の路線になった。

在籍した気動車のうち、キハ600　2両は元国鉄のキハ07だった。昭和40年代初頭に国鉄から関東鉄道へ譲渡された。譲渡後に大規模な更新、改造が施工され、特に運転台周りは半円形の原形を留めない容姿となった。しかし、側面の窓配置や台車からは、車両の身元を窺い知ることができた。

鹿島鉄道の車両では、一番の乗車定員を誇っていたが、路線の廃止に伴い2007（平成18）年に廃車された。

霞ヶ浦の畔を走るキハ600。運転台周り等が大きく改造され、原形とはかけ離れた姿になっていた。しかし、国鉄一般形気動車に似た塗装は、地方鉄道の長閑な風景に溶け込んでいた。
◎鹿島鉄道　桃浦〜八木蒔　1986（昭和61）年9月15日

【著者プロフィール】

牧野和人（まきの かずと）

1962年、三重県生まれ。写真家。京都工芸繊維大学卒。幼少期より鉄道の撮影に親しむ。
2001年より生業として写真撮影、執筆業に取り組み、撮影会講師等を務める。企業広告、
カレンダー、時刻表、旅行誌、趣味誌等に作品を多数発表。臨場感溢れる絵づくりを
もっとうに四季の移ろいを求めて全国各地へ出向いている。

国鉄型気動車鈍行が走る
日本の鉄道風景
【北海道、東北、関東甲信越編】

2021年12月1日　第1刷発行

著　者………………牧野和人
発行人………………高山和彦
発行所………………株式会社フォト・パブリッシング
　　　　　　　　　　〒161-0032　東京都新宿区中落合 2-12-26
　　　　　　　　　　TEL.03-6914-0121 FAX.03-5955-8101
発売元………………株式会社メディアパル（共同出版者・流通責任者）
　　　　　　　　　　〒162-8710　東京都新宿区東五軒町 6-24
　　　　　　　　　　TEL.03-5261-1171 FAX.03-3235-4645
デザイン・DTP………柏倉栄治（装丁・本文とも）
印刷所………………サンケイ総合印刷株式会社

ISBN978-4-8021-3295-4 C0026